玉宝　张秋良
乌吉斯古楞　张秀丽｜著

兴安落叶松过伐林结构优化技术

U0313592

中国林业出版社

图书在版编目（CIP）数据

兴安落叶松过伐林结构优化技术／玉宝等著. —北京：中国林业出版社，2015.4
ISBN 978-7-5038-7919-7

Ⅰ. ①兴… Ⅱ. ①玉… Ⅲ. ①落叶松－种群－林分组成－研究 Ⅳ. ①S791.222.04

中国版本图书馆 CIP 数据核字（2015）第 058748 号

中国林业出版社·生态保护出版中心

策划编辑：刘家玲
责任编辑：刘家玲　严　丽

出版：中国林业出版社（100009　北京市西城区刘海胡同 7 号）
网址：lycb. forestry. gov. cn　　电话：（010）83143519
发行：中国林业出版社
印刷：北京卡乐富印刷有限公司
版次：2015 年 5 月第 1 版
印次：2015 年 5 月第 1 次
开本：700mm×1000mm　1/16
印张：13.5
印数：1000 册
字数：260 千字
定价：48.00 元

前　言

　　近年来，国际社会越发重视林业在生态建设和应对气候变化中的重要作用。随着我国经济社会对林业发展的重视和要求不断深入，提出了生态林业和民生林业的战略目标，对森林经营管理提出了新的更高的要求。过去，主要考虑木材生产等单一经营目标，采取了不合理的采伐方式和采伐强度，导致森林结构遭到破坏，形成了大面积的过伐林，忽略了森林结构与功能关系问题，严重影响了森林生产力和生态功能的发挥。尽管从上世纪 90 年代以来，我国森林可持续经营理论技术逐渐成熟。但目前森林可持续经营实际措施和技术手段非常之少，可借鉴和参考的成功例子并不多，仍然缺乏指导林业生产的较成熟的森林经营技术。将近自然林业、森林可持续经营、森林生态系统经营、多目标经营、目标树经营以及结构化经营等先进技术在林业生产中实际应用程度仍然较低。急需掌握森林经营关键技术，尽快形成指导林业生产的技术措施。提高先进技术在森林经营方案、作业设计以及林业生产中的使用率，提升我国森林经营技术整体水平是当前亟待解决的问题。

　　结构与功能关系、结构优化技术问题是森林经营技术热点问题之一。目前，水平结构和垂直结构研究仍未与林业生产、森林抚育经营技术相结合。本专著以内蒙古大兴安岭森林生态系统国家野外科学观测研究站为依托，以中幼龄兴安落叶松过伐林为研究对象，分析林分生长、林分更新、林分水平结构和垂直结构特征；揭示林分演替规律、林分结构与功能关系；探讨林分空间利用规律与技术、目标树精细化管理技术；提出以生态功能优先，以木材生产和碳储量等主导功能为经营目标，基于林分空间利用和目标树精细化管理技术的结构优化技术和方法；设计出人工辅助更新、人工补植、诱导混交林以及基于目标树精细化管理的抚育间伐、局部抚育人工促进更新等技术措施并进行了示范并提出了结构优化效果评价方法等。其中，林分空间利用理论与技术、目标树精细化管理技术将弥补传统林分结构优化技术的不足，填补相关研究空白。本专著提出的结构优化技术具有以下特点：（1）综合树种组成、林分密度、直径结构、空间格局、垂直结构、林分演替及林下更新等多种因素的优化技术。（2）兼顾林分垂直结构、林木空间格局的近自然化经营技术措施。将最大程度地利用水平空间，在垂直分布上形成阶梯式分布的特征。（3）兼顾种源、母树位置的人工辅助更新技术措施。（4）在传统目标树经营技术基础上，将林分目标树按照个体大小、年龄、空间位置和用途等进行分类管理的目标树精细化管理技术。

著者在内蒙古农业大学林学博士后流动站做博士后研究工作期间，承担了"十二五"国家科技支撑计划项目"内蒙古大兴安岭过伐林可持续经营技术研究与示范"（2012BAD22B0204）课题研究工作，并完成了本专著，是该项目研究成果。本专著是在博士后研究工作报告基础上，将自己2003～2014年12年间的有关兴安落叶松过伐林的研究成果、探索、思考等梳理和整合到其中，经进一步提炼后完成的。在过去12年间，著者多次赴研究区域，完成了大量的野外调查工作，积累了很多宝贵的资料，经过大量的数据分析，发表了几十篇论文，深入探索了兴安落叶松过伐林结构优化技术问题。出版本专著的目的在于与广大林业工作者和科研工作者分享、探讨和交流过伐林经营技术问题，为森林抚育经营和进一步研究多功能森林经营、天然林可持续经营技术提供参考和技术支撑。该研究领域与林业生产有着紧密联系是林业生产非常之需要的领域。当前具有可操作性的、量化的林业结构技术措施很少，需要林业科研工作者深入研究。这是著者克服各种困难、热心、坚持不懈地投入此项研究工作的不竭动力。

本专著内容共有11章。其中，第1章天然林经营技术现状由玉宝、乌吉斯古楞撰写；第2章过伐林结构优化理论基础由玉宝撰写；第3章过伐林结构优化技术由玉宝撰写；第4章试验区概况由玉宝、张秋良撰写；第5章过伐林生长特征由玉宝、乌吉斯古楞、张秀丽撰写；第6章过伐林更新由玉宝、乌吉斯古楞、张秀丽撰写；第7章过伐林水平结构由玉宝、张秋良、乌吉斯古楞撰写；第8章过伐林垂直结构由玉宝撰写；第9章过伐林结构与功能关系由玉宝、乌吉斯古楞、张秀丽撰写；第10章过伐林结构优化示范由玉宝撰写；第11章过伐林结构优化效果评价方法由玉宝撰写。在本专著出版之际，感谢内蒙古农业大学张秋良教授对研究工作的大力帮助和支持。对中国人民武装警察部队警种指挥学院王立明教授和内蒙古农业大学刘尧老师的热情帮助，谨此致谢！对内蒙古农业大学硕士高孝威、博士穆喜云和杨丽等在野外调查工作中给予的热情帮助，致以诚挚的谢意！由于著者水平有限，在研究深度和广度上仍然不够系统，必然会存在诸多不足，欢迎广大读者批评指正。

玉宝

2015年1月14日

目　录

第 1 章

天然林经营技术现状

1.1 研究背景

天然林系指天然起源的森林，是相对于人工林来说有天然更新和自然演替形成的复杂生态系统，它是以木本植物为主体的生物群落，既受其周围环境的影响，同时也对生存环境有一定的调控作用（臧润国等，2005）。第八次全国森林资源清查结果显示，我国森林面积 2.08 亿 hm^2，森林覆盖率 21.63%，森林蓄积量 151.37 亿 m^3。其中，天然林面积 1.22 亿 hm^2，蓄积量 122.96 亿 m^3，分别占森林总面积和森林总蓄积量的 58.7% 和 81.2%，是我国森林资源的主体。森林面积和森林蓄积分别位居世界第五位和第六位，人工林面积仍居世界首位。但我国仍然是一个缺林少绿、生态脆弱的国家，森林覆盖率远低于全球 31% 的平均水平，人均森林面积仅为世界人均水平的 1/4，人均森林蓄积量只有世界人均水平的 1/7，森林资源总量相对不足、质量不高、分布不均的状况仍未得到根本改变，林业发展还面临着巨大的压力和挑战。我国林地生产力低，森林每公顷蓄积量只有世界平均水平 $131m^3$ 的 69%，人工林每公顷蓄积量只有 $52.76m^3$。其主要原因如下：一是龄组结构不合理，中幼龄林面积比例高达 65%，森林生产力低；

二是林分过疏、过密的面积占乔木林的 36%，影响了森林每公顷蓄积量；三是森林经营技术不够科学，这是主要原因。加强森林经营的要求非常迫切，提高林地生产力、增加森林蓄积量、增强生态服务功能的任务还很艰巨；推进森林科学经营，提升森林质量效益的任务还很重；加强森林抚育和低产低效林改造。重点推进国有林区和国有林场森林经营工作，带动全国森林经营科学有序推进是当前面临的主要任务。加快培育以天然林为主体的森林生态系统是促进人与自然协调发展的重要途径，更是林业生态建设的重要任务。天然林是我国森林资源的主要组成部分，保护和经营好天然林对于保持水土、涵养水源、保障江河安澜、国土生态安全，保持生物多样性，满足社会对森林资源的多种需求具有广泛而重要的意义。新中国建立以来，国家对天然林资源进行了大规模的开发，生产了大量木材，为国家建设和国民经济的发展做出了突出贡献。但是，由于长期的过量采伐和大面积的皆伐，天然林的质量严重下降，生态系统退化，功能减弱。为了恢复天然林生态系统，充分发挥其生态和生产功能，科学经营天然林资源，改善天然林的结构，提高天然林质量，保护、修复和经营天然林生态系统，保持系统的正向演替对于维护我国乃至全球生态系统的稳定具有重要意义。

进入 21 世纪，我国政府把森林资源保护与发展提升到维护国家生态安全，全面建成小康社会，实现经济社会可持续发展的战略高度，确立了"严格保护、积极发展、科学经营和持续利用"的指导方针，森林资源步入了较快发展的新阶段。保护生态平衡，实现国民经济与社会的可持续发展，成为新世纪人类发展的主题（惠刚盈等，2009）。因此需要认真总结国内天然林经营的经验和教训，借鉴国外天然林经营的成功经验，探索我国天然林经营模式。保持天然林面积不减少和天然林生态系统的稳定性。

内蒙古大兴安岭天然林受战争、自然灾害和人类活动的长期影响，森林不断演变，资源被大量采伐利用，致使森林资源遭受严重破坏，森林质量下降，森林结构与功能破碎化，形成了大面积的过伐林。过伐林是介于原始林与天然次生林之间的一种森林群落。经过合理经营管理可逐渐恢复其结构和功能。若外力的干扰再加重的话，过伐林将会变为天然次生林（关庆如，1966；陈大珂，1982）。内蒙古大兴安岭林区是我国重要的木材生产基地之一。兴安落叶松 *Larix gmelinii* 是大兴安岭森林建群种（冯林等，1989；火树华，1992），我国最重要的用材林树种之一，也是内蒙古及东北地区重要更新和造林树种。兴安落叶松林不仅对呼伦贝尔大草原和嫩江流域起生态保护作用，而且在我国保护物种多样性方面具有非常重要的作用和地位。兴安落叶松寿命长，生长快，抗逆性强，能适应各种不同的土壤，材质优良，在保持水土、涵养水源、维持生态系统平衡等方面有着极其重要的作用。对兴安落叶松的研究焦点是幼中龄林（20 年一个龄级，40 年以下为幼龄林，41~80年为中龄林）（孙玉军等，2007）。

大兴安岭林区经近半个世纪的开发利用，过熟林资源消耗量很大，面积日渐减少。而幼、中龄林的面积逐渐增加，是林区的希望所在。由于经营管理不够及时，又缺乏科学的经营措施，严重影响了森林多功能的发挥。加强这片森林的经营，优化林分结构，促进林分生

大兴安岭森林

长，发挥林分功能，已成为急待解决的课题。如何保护和经营天然林资源已成为我国林业迫切需要解决的问题。另外，我国人工林面积大，纯林多，森林抗逆性、抗外来干扰能力和稳定性比较差；而天然林结构稳定，生物多样性指数高，对病虫害的抵御能力较强。因此，通过分析兴安落叶松过伐林林分结构特征，评价兴安落叶松过伐林功能，提出过伐林结构优化经营技术，对人工林经营管理、天然林保护工程的封育、抚育间伐和经营采伐以及森林碳循环的进一步研究提供理论基础。

长期以来，对兴安落叶松过伐林的经营目标单一，缺乏系统性，即以用材林经营、追求短期的经济利益，没有考虑森林各种生态效益；经营措施不合理，高强度的采伐，违背了生态系统经营原则，破坏了原有的良好林分结构。为了充分发挥兴安落叶松过伐林在大兴安岭林区陆地生态系统中的主体地位，满足经济、社会与生态环境建设对森林资源的需要，必须进行系统的研究，采取科学合理的经营管理措施，加快兴安落叶松过伐林正向演替速度，恢复其复杂的森林结构，提出可行的经营模式，解决大兴安岭林区森林资源的持续利用、保护与恢复问题。

基于生态系统的结构与功能密切相关的原理，合理的结构不仅是维护系统正常运转的先决条件，也是充分利用资源的可靠保证；同时也是系统适应外部环境的内在动力之源。调整和维持森林资源的合理结构，是保证森林生态系统稳定和森林资源多目标利用、实现森林资源可持续经营目标的基础和前提。

1.2　森林经营理论与技术

当前世界上，林业的形势发生了很大变化，关于森林经营理论和林业实践均在经历着巨大的变化。这突出地表现在林业发展模式和森林经营体系的进展方

面。当前世界已进入了生态林业的时代（徐化成，2004），这方面的突出进展表现在德国以及其他中欧国家的恒续林经营和近自然林业（邵青还，1994；陆元昌，2006）以及美国的森林生态系统经营（徐化成，1991；赵士洞等，1991）。这两大体系其核心都是改革以木材生产为中心的人工林经营体系，为森林多种效益综合经营的生态林业体系，但后者由于历史短暂，还缺乏可操作的具体技术；而近自然林经营在德国已经拥有 100 年以上的历史和大量成功实例（陆元昌等，2002；2003）。

1.2.1 森林生态系统经营

森林生态系统是全球生态环境问题的核心，在维持生态平衡，维护生态安全，应对全球气候变化中发挥着不可替代的作用。全球森林面积仅占陆地面积的 1/3，但其生物总量占陆地生态系统的 90%，森林每年生产的有机物占陆地生态系统的 70%，森林年碳交换量高达陆地生态系统年碳交换量的 90%。随着人类经济社会的发展，人口爆炸、粮食短缺、能源危机、资源枯竭、环境污染以及气候变暖等一系列全球问题的日益突出，使得作为陆地上最大生态系统的森林越来越受关注。但目前全球只有 10% 的森林处于有效的管理之中，由于人类对森林资源的保护力度不够，管理和利用不合理，导致森林面积日益缩小，森林资源短缺，造成了水旱灾害频繁、水土流失严重、土地贫瘠化、动植物种群消减等灾害的不断加剧，严重影响着人类生存环境和经济社会的发展。由于传统的育林学方法和以森林经理学为基础的经营技术与现代森林生态学研究脱节，已不能适应现代森林经营管理的需要。只有在观念上实行转变，进行生态系统管理，才能从根本上解决问题。

自 20 世纪 70 年代以来，恢复退化生态系统和合理管理现有的自然资源日益受到国际社会的关注。人们不断寻求着森林生态系统的科学管理途径，经历了传统的木材经营阶段和近代的多资源管理阶段，实现了由传统的单一追求生态系统最大产量向生态系统可持续性转变，由单一资源管理向系统资源管理转变，最终探索出了森林生态系统管理理论。它是传统森林经理学科的继承与发展，是实现森林可持续经营的一条生态途径。从人类、自然、社会这个大系统出发，在合理地协调各因素之间矛盾的基础上，最终实现森林的经济、生态和社会三大效益的协调统一，达到林业可持续发展的目的。森林生态系统管理是各国森林可持续发展的重要方面，是未来林业科学发展的必然趋势，是 21 世纪林业的核心。

美国著名林学家、华盛顿大学教授 J. Franklin 于 1985 年提出了新林业（New forestry）理论。它是近年来美国林业界的一种新学说，它主要以实现森林的经济价值、生态价值和社会价值相互统一的经营目标，建成不但能永续生产木材及其他林产品，而且也能持久发挥保护生物多样性及改善生态环境等多种生态效益和社会效益的林业（赵秀海等，1994；郑小贤，1999a；徐化成，2004；刘东兰等，2004）。

许多林学家认为，新林业是一种新的森林经营哲学，它避免了传统的林业生产和纯粹的自然保护区两者之间的矛盾，找到了一条发展林业的合理道路。该理论最重要的特点是兼生产和保护为一体，主张森林经营者必须承认森林不仅仅是木材生产基地，而且还有其他重要价值。同时，环境保护工作者也应该抛弃那种单纯保护的观点。

到了1992年，美国林务局提出了对于美国的国有林要实行"生态系统经营"的新提法，其含义与"新林业"类似。因此，可以预见新林业对美国林业的发展将产生深远的影响，尤其是在当今全球环境日益恶化，生物多样性受到严重威胁的情况下，新林业很可能将彻底取代现行的伐木为主要目的的传统林业，创造出一条发挥森林经济效益、生态效益、社会效益的林业发展道路，将森林采伐提高到一个全新的阶段。

多层次的森林生态系统经营产生于传统木材生产与纯粹生态环境保护相冲突的结果，目的是不但能生产木材，而且能保护生物多样性及改善生态环境。森林生态系统经营把可持续的实现与生态学原理的应用统一起来，强调等级背景与多规模水平，反映了多层次经营管理的趋势。森林生态系统经营不但要进行多尺度的分析与规划，还要在多尺度水平上进行森林生态系统健康评价与经营管理模型的建立。经营管理要考虑空间规模与时间尺度，要根据生态需求及作用范围、社会经济背景及经营管理需要来确定空间规模大小。

生态系统经营概念提出后，虽在美国各地得到应用和推广，有自己的理论体系，也得到广泛的认同，但由于理论提出时间不久，成功案例研究不多，实践中具体可操作的技术体系有待进一步发展。

1.2.2　森林可持续经营

森林可持续经营（Sustainable forest management，简称SFM）是21世纪国际林业发展的方向，是实现林业可持续发展的关键（郑小贤，1996，1999a；刘代汉，2004；王艳洁，2001）。兴安落叶松天然林作为我国森林的一个重要类型，其经营的最终目的也是要实现可持续经营，所以在研究兴安落叶松过伐林结构调整理论及经营管理模式时，有必要分析国内外森林可持续经营研究和实践的现状及发展趋势。联合国粮农组织（FAO）提出，"森林可持续经营是一种包括行政、经济、法律、社会、技术以及科技等手段的行为，涉及人工林和天然林。它是有计划的各种人为干预措施，目的是保护和维护森林生态系统及其各种功能"（董乃钧，

2011）。

根据北京林业大学董乃钧（2011）的观点，可以将森林可持续经营的内涵总结为：是实现经营目标的经营过程，需要进行过程控制；在不影响林地生产力和不损害外部环境的条件下可持续地产出各种效益和提供多种服务，协调经济、社会、生态、资源之间的关系；是长期的动态经营过程，经营目标不同，经营体系也不同。

整合已有研究可见，SFM 具有显著的特点：它是有明确目标的经营；它超越传统的时空尺度，强调长期的、景观层次的经营方案和经营机制；是多方参与、不断改进的经营过程；需要对原有的森林经营系统进行改造，从确定经营目标入手，完善经营系统，提高产出和效益，实现永续经营。森林可持续经营本质是跨部门、跨行业、多方参与（政府、科研机构、高等院校、社区居民、专业合作社、木质和非木质林产品生产加工企业）的，通过一系列规划设计，使森林木质林产品和非木质林产品比例趋于合理化经营，充分发挥森林多种功能的过程。通过非木质林产品等收入反补森林经营保护工作。经过森林科学经营，使森林结构越发完善，充分发挥森林多功能的一种技术体系。①政府决策层：必须有完善的制度体系、正确的决策和持续性的政策支持。②高等院校：加强素质教育，提高国民素质。要治理生态环境先行素质教育，建设人才队伍。③社区居民：调动林农积极性，参与森林保护经营，保障社区居民的利益。④专业合作社：协助林农经营森林，发展林下经济，提高经济效益。⑤科研机构：提出因地制宜合理的规划，为森林科学经营提供技术支撑。⑥林产品生产加工企业：通过加工生产木质林产品和非木质林产品，提高经济效益，带动经济，促进就业。

目前，在林业领域最具有科学意义的，是对森林可持续经营标准和指标体系以及模式林所开展的研究与协调行动（蒋有绪，1997；郑小贤，1999a；1999b；张守攻等，2001；陆元昌等，2002；李金良等，2003；姜春前等，2004）。加拿大是建立森林可持续经营模式林示范区国际网络的发起国，已有美国、德国、俄罗斯、日本、马来西亚等国家参加。我国浙江省临安林区也加入该网络，目前正在开展山区综合治理和农林复合经营模式的研究。与传统的经营模式相比，可持续经营模式林扩展了经营的时空尺度，通过示范来规范人的行为，包括体制和法规、公众参与、标准与指标等，强调主体是人而不是森林，要求转变观念，建立可持续经营模式（郑小贤等，2000a；2000b）。

1.2.3 近自然森林经营

近自然森林经营是德国林业持久不懈探索的结果，是一种顺应自然地计划和管理森林的模式。自 19 世纪末期，德国在经历大面积针叶纯林遭受风害、地力衰退、病虫入侵、损失很大的背景下，在下萨克森州的 Naturebruchausen 林业局就开始了以营造混交林为特征的实验，近自然林业即开始在这里出现。第二次世界大战后，在德国成立了"适应自然林业协会"，系统地提出了近自然森林经营理论。19 世纪 70 年代以后，近自然森林经营的理论和实践在德国、奥地利、瑞士、法国等许多欧洲国家得到了广泛的接受和应用。20 世纪 90 年代初开始传入中国。中国众多学者对"近自然林业"的理论和在中国实践中应用的可行性做了大量的探讨（赵秀海等，1994；张鼎华等，2000；李春晖，2001；陆元昌等，2002；陆元昌，2006；曾伟生，2009），但真正将其应用于实践的还不多（张鼎华等，2000；高育剑等，2004）。

近自然森林经营的概念为：立足于生态学思想，从整体出发观察森林，视其为永续的、多种多样的、生机勃勃的生态系统，力求利用森林生态系统发生的自然过程，把生态与经济要求结合起来，实现最合理地经营森林的一种贴近自然的森林经营模式，是在确保森林结构关系自我保存能力的前提下，遵循自然规律的林业经营活动，是兼容林业生产和森林生态保护的一种以"混交林 + 异龄林 + 复层林"为目标的经营模式（孟黎黎等，2007）。

当今，德国、瑞士、奥地利、法国、挪威、比利时、波兰等国家都在开展这方面研究工作。近自然林业经营法是，尽量利用和促进森林的天然更新，从幼林开始就选择目标树，整个经营过程只对选定的目标树进行单株抚育，内容包括目标树种周围的除草、割灌、疏伐和对目标树的修、整枝。对目标树个体周围的抚育范围以不抑制目标树个体生长并能形成优良木材为准则，其余灌草及林木任其自然竞争，自然淘汰。

1882 年德国林学家 Gayer 提出恒续林之后，经 Moeller 等加以发展，逐渐形成恒续林理论。该理论认为森林的稳定性与严格的连续性是森林的自然本质。恒续林是连续覆盖的森林，连续覆盖的森林可以保持土壤不受侵蚀（Buongiorno et al，1995），禁止皆伐，主张择伐，主要依靠天然更新，而不是人工更新。恒续林经营的特点就是保持经济与生态之间、经济与环境保护之间的平衡。因此，近自然森林经营具有低成本、高生态的特点。所以，Buongiorno 等（1995）认为，异龄混交林经营的长期目标是经济和生态平衡原则，并通过经营把森林导向理想的稳定或顶极状态的森林。因此，近自然森林经营要保持系统的正向演替。

为了把恒续林理论用于实践，早在 1886 年，法国林学家顾尔诺（Gurnaud，1886）就提出适合于异龄林集约经营的检查法（Control method），后经瑞士的毕奥莱（1920）加以发展，成为恒续林从理论走向实践的有效方法。如今检查法已成为法国和瑞士的主要经营方法。检查法的基本思想是以异龄林分为单位，各径级之间的蓄积保持一定比例，以获得目的树种最大生长量。

我国第一例成功应用近自然林经营的生产单位是浙江天童林场，根据近自然经营的原则将其措施应用于当地的森林改造，取得了一定的成果。这是中国第一个自觉采用近自然林业方法进行试验的林场。

在森林经营中，张鼎华等（2000）将"近自然林业"的经营方式应用于杉木人工林的改造中，结果表明，与采用常规方法经营杉木相比，无论是平均胸高、平均树高、单位面积蓄积量都有大幅度的增长，且立地条件越差则增长的幅度就越大；用近自然林业经营法经营杉木人工幼林，土壤肥力也得到了维护和提高，表现在土壤生物活性加强、土壤养分增加、交换性能改善，加速了养分的循环和累积。

为研究近自然森林类型，何兴元等（2003）从植物群落生态学角度研究了沈阳树木园森林树种组成与植物区系特征，群落的生活型和层片结构，群落的垂直结构与成层现象，群落的水平结构与镶嵌现象，森林天然更新与发展，野生动植物的种群定居与保护，进而阐明了该园森林群落是我国北方典型城市近自然林的类型。

为证实近自然更新对生境条件的抗衡能力，王树力等（2000）采用实验生态学的方法，经过6年的林隙实验，证实了林隙对红松更新生长的有利作用，并确定出树高与林隙孔径比为1∶1～4∶3时较利于林隙内红松的生长。赵秀海等（2000）利用红松直播造林模拟自然更新。得出利用种内植生组织作用可以提高种内对不利条件的抗衡能力。高育剑等（2004）以森林生态学理论为指导，运用近自然林地理论，依照地带性原生植被的组成与结构，对乐清市象阳镇的无林地绿化、坟山绿化和林带造林进行设计，重点解决了项目区造林规划的目标树种选择与合理配置、多树种混交造林与补植技术。王少怀等（2000）研究落叶松生长时，合理配置针阔比例，使纯林结构接近自然林结构，从而提高林木生长和林分质量。

我国第一例与德国相关专家联合进行的较大面积的近自然人工林改造试点研究工作在北京密云水库集水区，项目区选择了3个森林类型不同的区域作示范区，并进行近自然森林经营计划和目标树林分抚育择伐设计，实践中得出近自然林经营具有投入成本低、抗灾害能力强的特征，其整体经营的总生产力和经济效果高于同龄林人工林经营体系，目标树单株木林分施业体系采用正向择伐作业，可将现有林分的蓄积量提高一倍以上，并能实现森林的多品种多等级产品生产，保证林业经营稳定发展（陆元昌等，2003）。该项目的实施对近自然森林经营在我国的开展具有重要实践指导意义。

由以上分析可见，"近自然林业"理论在次生林恢复及人工林改造中具有广阔的发展空间。由于历史原因以及社会需求，我国南方用材林基地仍然要以人工林为主，但发展人工林的同时要注意维护地力，增加林分物种多样性，增强抵抗自然灾害的能力，减少病虫害发生，待时机成熟再逐步向天然林过渡。而我国东北林区传统经营方式以择伐为主，纵观中国东北林区几十年择伐史，择伐作业由于缺乏完整、系统的理论指导，择伐作业损伤和超强度采伐现象严重。采伐方式选择不当和采伐强度过大等原因，使得东北林区择伐林并未取得预期效果（郝清玉等，1998）。但是也有以汪清、红石等林业局坚持进行的采育兼顾伐（本质上是一种生态采伐技术）所取得良好效果，抚育式清除非目的树种，以减少对主栽植物竞争，人为移除林内病腐木。这种沿袭已久的抚育方式，由于在一定程度上改善了林地土壤的养分状况，因此对提高造林成活率、促进幼树的生长无疑起到了良好的作用。但也带来了许多负面的影响，特别是当抚育强度过大时，势必加速林地土壤有机物质的矿质化、水土流失等（张鼎华，2000）。

由于近自然经营对促进林分蓄积增长、维持地力、增加林分物种多样性、提高森林群落稳定性具有重要意义，因此在东北过伐林有条件的地区进行近自然经营试点工作，待技术成熟后再进行推广。

森林经营从以往的单一的生产木材为主，转向了不但能永续生产木材及其他林产品，而且也能持久发挥保护生物多样性及改善生态环境等多种生态效益和社会效益的经营理念。提倡森林生态系统经营、森林资源可持续经营、近自然森林经营理论与技术，实现森林的经济价值、生态价值和社会价值相互统一的经营目标。

1.2.4 天然林多目标经营

随着我国森林分类经营的不断深入，实施天然林全面禁止商品性采伐政策以来，越来越重视森林抚育经营，调整、优化森林结构等问题。特别是加强中幼龄林抚育经营是提高我国森林质量，全面提升森林的多种功能的重要举措之一。目前中幼龄林的经营滞后于林业发展的要求。过去天然林（原始林、过伐林、次生林）经营主要围绕天然林主伐方式，研究和实践了天然林经营管理以及不同采伐方式影响等。而就抚育经营方面，主要围绕单一经营目标，更多停留在理论研究，缺乏系统性深入研究，仍然未具备能够指导林业生产的应用技术。目前逐渐从不同采伐强度对单一林分结构因子的影响研究（徐鹤忠等，2006；马履一等，2007；郭辉等，2010a；2010b；王会利等，2010；叶雨静等，2011；张洮等，2011）转入了多目标经营理论研究和规划模拟研究阶段（李国猷，2000；徐文科等，2004；戎建涛等，2012）。但多目标经营具体可操作的技术在目前研究当中未能系统体现。

我国天然林由于长期过度利用和保护不善，使大量原始林受到不同程度的干扰和破坏而形成了大面积的过伐林等。这些森林如何进行合理经营，优化结构使其正向演替，成为结构稳定、功能完善的林分，是当前亟待解决的关键问题。深入系统研究提出多目标经营技术，并能够指导林业生产，对解决过伐林的经营等问题具有重要意义。本书围绕天然林结构与功能关系，梳理多目标经营关键技术研究现状，重点综述林分结构、更新机制、演替规律和碳储存等研究现状，阐述存在的问题和今后研究趋势。提出以调整结构和改变传统经营方式为主的多目标经营技术和研究思路，为天然林可持续经营提供理论依据和参考。

1.2.4.1　多目标经营的界定

森林多目标经营是通过制定适合特定区域、条件的多目标经营规划，并进行多目标经营管理，发挥森林多功能的过程。在国外，对多功能森林经营的研究较早，形成了小块林地立木水平的多功能经营理论和区域水平森林总体的多功能经营理论等2个理论体系（Zhang Y Q，2005）。但关于多功能森林经营提法不一，如多功能、多用途和多目标林业等（Chang S J et al，1981；Jeffrey R V et al，1993；Jarmo K H，2004；Forest Ecology and Management Editorial，2005）。法正异龄林的恒续林经营思想、森林经理检查法（于政中等，1996）、恒续林经营法则、近自然林业等均属于小块林地立木水平的多功能经营理论范畴。联合国粮农组织（FAO）（2005）将多用途林定义为："用于木材产品的生产、水土保持、生物多样性保存和提供社会文化服务的任何一种组合的森林，在那里任何单独的一项用途都不能视为明显地比其他用途更重要。"Panayotou T 等（1992）将多功能森林经营定义为："基于如下森林资源和服务的承认及其平衡稳定的理念下管理林地系统：木材生产、非木材产品生产（植物和动物）、环境和生物服务、休闲和美学效益（包括生态旅游）、混农林业，不是所有的效益都囊括在一小片林地中，林地的效益允许有一定差异，比如生产木材可以作为主要功能，不需要在同一时间和同一地点都发挥多种功能。"2011 年亚太林业周"生态建设和多功能林业模式"边会上，与会专家提出了多功能林业的最新定义：通过森林的主导功能经营，生产最佳组合的产品和服务，满足公众的多样化需求，实现生态、经济和社会多重组合效益最大化的林业发展方式。专家认为，多功能森林经营不等同于分类经营，多功能森林经营是今后林业发展的主要方向，并且森林资源管理的目标已从产量最大化转向生态系统管理和适应性管理（温雅莉等，2011）。因各国经济社会的发展程度不同，对多功能森林的认识有差异，其具体内涵和界定范畴也有所不同。森林的可持续经营是森林多功能经营理念在时间维度上的拓展，国际社会制定的一系列森林可持续经营指标都包括多种森林功能（张德成等，2011）。森林健康的实质是充分持续发挥森林的多种效益。森林健康的实质是使森林具有较好的自我调节并保持其系统稳定性的能力，从而充分持续发挥森林的经济、生态和社会效益。加拿大与美国同期将"健康"的概念引入到森林生态系统管理当中，认为健康森林是指能够保护生物多样性、保持良好的栖息环境、维护森林美学和自然资源可持续性的森林(吴秀丽等，2011)。美国《2003 年森林健康恢复法》(*Healthy Forest Restoration Act of* 2003，USA)规定，实施森林生态系统健康经营旨在减少灾难性野火对社区、流域及其他有火险的地方所造成的危害，保护和恢复已退化的森林生态系统，并在促进濒危物种恢复、保护生物多样性的同时提高碳储量(祝列克等，2005)。

我国森林多目标经营思想具体体现在将分类经营的林分以小流域和林班为基本单位，综合分析经营单位环境条件与经营水平，以沟系或林班为单位，采用抚育、改造、造林、采伐、封育相结合的综合经营技术措施(雷静品等，2008)。我国是在二元分类经营基础上开展多功能经营，这需要在生态公益林开展多功能经营时，其原则是不得损害现有的生态效益；在用材林开展多功能经营，不要减少木材的产量，通过林分改造手段，逐步实现森林的多种功能的同等发挥(张德成等，2011)。多功能森林经营的理论基础及方法就是传统的森林经理学，其本质特点是追求近自然化，主要利用自然力、关注乡土树种、异龄、混交、复层等，人工按照自然规律，模仿自然法则，促进森林生态系统的发育，生产出所需要的木材及其他多种产出(侯元兆等，2010)。森林多目标经营是以森林可持续发展为总体目标，其下层目标分为经济目标和生态目标。前者是以木材收获量为目标，后者是以林分多样性(树种多样性和径阶大小多样性)和森林顶极群落演替为目标(高心丹等，2011)。但多目标经营并不是简单的分类经营，而是将森林各种主导功能或森林针对人类各类需求的供给功能在时间和空间上的有序排列和有机结合。实际上，我国天然林保护工程的经营目标就是多目标经营，本质就是为发挥天然林的多种功能。但必须具备合理的规划和经营管理技术，才能实现天然林的多目标经营。

1.2.4.2 多目标经营的可能性

对森林生态系统进行多目标经营规划决策，就是调整森林生态系统的结构，是以调整不同林分经营类型结构的比例来实现的。在相同土地资源的情况下，使得森林所发挥的经济、生态和社会效益最大，为此进行多目标决策，使其森林生态系统总体效益达到最大(徐文科等，2004)。多目标经营是分层次的，如区域层次、景观层次和林分层次，各个层次的目标设置和实现途径都并不一致，受森林结构、立地条件、经济条件、森林经营技术水平、人为干扰以及人们对森林各类功能的需求等诸多因素的影响。

我国各类森林总体服务功能可划分为林木与林副产品、森林游憩、维持生物多样性、涵养水源、养分循环、固碳释氧、土壤保持、净化环境八大类型(靳芳等，2005)。我国各项森林生态系统服务功能价值表现为涵养水源 > 生物多样性保护＞固碳释氧＞保育土壤＞净化大气环境＞积累营养物质(王兵等，2011)。向玮等(2011)利用矩阵生长模型，对金沟岭林场落叶松云冷杉林的木材生产、保护多样性和碳储量等3种目标经营进行了模拟，然而3个目标间存在相互冲突，但长周期低强度采伐(15年，5%采伐强度)可以满足多目标的需要，使森林经营的总目标值达到最大，认为合理的经营可以实现森林的多个目标。多功能森林经营就是统筹兼顾"商品林"和"生态公益林"等两类功能，寻找两者协同点或最适结合点的过程。森林多功能的发展在提供生态需求和供应木材方面占主导地位(侯元兆等，2010)。并不是所有的林地都适宜于进行多功能经营，这就需要选择一些合适的林分因子来定量反映一片森林的林分结构经调整后比较适宜多功能经营(魏晓慧等，2011)。多功能森林的最大缺陷就是无论它的经济功能还是生态功能都受到来自于内部的制约，都无法最大化发挥，是多种效益的组合与协同，其多种功能是相互制约的(侯元兆等，2010)。森林经营的多目标既相互依赖又可能相互排斥，要求每个目标同时达到最优是困难的(高心丹等，2011)。针对这些矛盾和冲突，国内外学者主要通过各种多目标经营规划法(Hoen H F et al，1994；Yousefpour R et al，2009；戎建涛等，2012)，设计出采伐方式、强度、对象以及相关的抚育经营技术，来模拟实现多目标经营。

1.2.4.3 多目标经营技术研究现状

国外对多目标规划研究主要围绕木材生产、碳储量两个要素来展开(Hoen H F et al，1994；Yousefpour R et al，2009)。在国内，关于多功能森林经营方面也积极开展了探索和研究。但目前研究仍以理论模拟为主(李国猷，2000；徐文科等，2004；戎建涛等，2012)，以森林面积和蓄积量作为主要优化目标，仅探索了多目标规划中的一少部分目标，实际实践研究非常之少。庄作峰(2009)提出了多部门跨行业共同管理天然林的多目标综合管理理论和方法。天然林多目标经营是庞大系统，根据其生态功能的重要程度与生产需求划分为不同类型的区域，对不同区域实施不同的管理策略。刘杰等(2012)采用森林多目标系统分析规划技术与模型FSOS(Forest Simulation and Optimization System)，优化了森林多目标可持续经营规划。在考虑森林多目标经营的基础上，将森林进行功能区划，不同的功能区采取不同的经营方案。李国猷(2000)提出按区域、天然林类型、天然林主导功能和经营技术类型，进行多级序的分类经营的模式。但这些都仅限于理论和模拟研究，实验性探索研究并不多。20世纪60年代，中国林业科学研究院在甘肃小陇山进行了天然次生林改造等多种森林的经营试验，取得了良好效果。

无论是何种层次的多目标经营，都离不开森林最基本单元的经营技术。这其中林分的合理经营尤为重要。以往天然林抚育经营以单一目标经营为主，其经营性采伐主要基于单一经营目标的考虑，采取了忽略林分结构(年龄、径级、空间格局等)与功能的简单采伐方式和不合理的采伐强度,严重影响了森林可持续经营及多功能的发挥。目前研究由在不同采伐强度对土壤理化性质(张泱等,2011)、水源涵养功能(王会利等,2010)、土壤碳通量(郭辉等,2010)、森林碳储量(叶雨静等,2011)、枯落物持水能力(郭辉等,2010)、天然更新(徐鹤忠等,2006)、植物多样性(马履一等,2007)等单一指标的影响,已转向多目标经营理论和模拟研究(李国猷,2000;徐文科等,2004;庄作峰,2009;刘杰等,2012)。诸多研究表明,复层、异龄、混交林具备多功能森林的条件。多树种混交的林分,林木径级的结构变化幅度大,林分结构复杂,森林生态系统的丰富度高,更好地发挥森林的多功能(Buongiorno J et al,1994;Lahde E et al,1999)。森林空间异质性(Uuttera J et al,1995)越大,其生态系统越稳定,森林多种功能发挥得越完善。毛磊等(2008)认为,由于林分结构不同而产生的局部生境差异将会对樟子松 Pinus sylvestris var. mongolica 幼树产生重要影响,樟子松天然林更新幼树分布与大树位置以及树种组成结构有关,针阔混交林的林下更新情况和更新幼树的高生长明显好于纯林,樟子松更新与阔叶树关系密切。曾德慧等(2002)认为,阔叶树下更新是樟子松林天然更新的主要形式之一。混交林可以有效地改善土壤的理化性质,改善土壤的营养状况(吴祥云等,2001)。樟子松阔叶树混交林的土壤有机质、速效氮、速效磷的含量高于樟子松纯林,混交林的土壤容重小于纯林,持水力高于纯林,有助于樟子松幼树更新。聂道平等(1997)研究油松 Pinus tabulaeformis、白桦 Betula platyphylla 混交林后认为,混交林林下草灌木种类丰富,生长繁茂,表现出良好的生态功能,是油松纯林所远不及的。混交林林下土壤有机质含量高于油松纯林,物理性质亦优于纯林。郑丽凤等(2008)认为,强度择伐(45.8%)、极强度择伐(67.1%)和皆伐对土壤理化性质造成不利影响。张泱等(2011)认为,合理采伐将能够改善针阔混交林土壤理化性。发展混交林自有其生态优势,如果混交树种及混交方式适当,获得高于纯林的生产力也是可能的(翟明普,1982;田大伦等,1990)。Pretzsch H(2005)认为,按树种的耐阴程度、演替次序等属性进行混交配置造林,可使林内的资源利用率提高30%,从而提高生物量。合理的经营措施可以促进林分生长,使其林下更新层的物种多样性指数会得到提高(宁金魁等,2009)。

除此之外,围绕过伐林(亢新刚等,2008)更新机制(韩景军等,2000;徐鹤忠等,2006;孙家宝等,2010)、空间结构(武纪成等,2008)、演替(孙家宝等,2010;康冰等,2011)以及碳储量(赵俊芳等,2009)等方面的研究始终为焦点。有研究认为,林下幼树更新与母树分布、结实率有关(徐振邦等,1994;韩铭哲,1994;孙家宝等,2010;康冰等,2011);林下更新幼苗空间格局大多为聚集分布(赵惠勋等,1987;毛磊等,2008;杨晓晖等,2008)。碳储量也是多目标经营研究的主要领域之一。我国对森林生态系统碳储量的研究因所选用碳汇计量方法（Dixon R K *et al*，1994；Foley J A，1995；Sehulze E D *et al*，1999；Valentini R *et al*，2000；王效科等，2001；王文杰等，2007）各异、标准不一而存在较大差异（赵俊芳等，2009）。目前，国内外研究者大多采用 0.45～0.55 作为所有森林类型的平均含碳率方法（Levine J S *et al*，1995；王效科等，2001；刘国华等，2000；周玉荣等，2000）和生物量与蓄积量模型（Dixon R K *et al*，1994；刘国华等，2000；赵敏等，2004）等方法来估算森林碳储量。无论哪种方法，在由生物量转换碳储量时都使用转换系数实现的，而且所用的转换系数或者不分树种，或者不分林龄，使用同一的转换系数。但生长在不同区域的同一树种各组分的含碳率不尽相同，组成的林分含碳率也存在差异（程堂仁等，2008）。

目标树经营技术（Mcroberts R E *et al*，2012）比较适合林分结构优化经营，更有利于实现森林多目标经营目标，可能属于森林多目标经营技术措施范畴，国外已有不少成功的案例（Schütz J P，2002）。国内现有研究表明，目标树经营较粗放经营和无干扰模式经营具有诸多优点，有利于改善林分结构，提高林分生产力（梁星云等，2013）。但目标树经营对森林群落结构和功能产生什么影响还没有得到系统的研究（梁星云等，2013），而且实践探索主要以人工林为主（张象君等，2011），现仍处在探索阶段。

1.2.4.4　问题和研究趋势

综上所述，多目标经营是属于森林经营的综合性评价，以某个主导功能为主，由若干个辅助功能组成的综合经营体系，人为优化结构，恢复自然状态，突出其他更多功能。已有研究表明，健康、复层、异龄的混交林具备多功能森林的条件。但理论上的多功能和森林主导功能及客观多功能可能有出入，存在主观要求和客观现实的差距。到底是多功能效益达到什么程度合适？有的专家认为相互冲突，无法最大发挥，这主要是由缺乏多功能综合效益计量技术和衡量标准所致。但具体什么结构的林分属于多功能森林，将各种主导功能的林分类型如何搭配比例，如何调整结构，均无明确的答案。如何经营才能发挥林分的多功能，符合多目标经营要求等，均无先例。这些都是今后需要解决的重点问题。

随着人类对森林生态系统服务功能的要求不断提高和拓宽，针对不同区域、不同森林类型的天然林结构特点，以充分发挥其多种功能为主的多目标经营是今后的重点领域和发展趋势。近年来，我国赋予林业在生态建设和应对气候变化当中的首要和特殊地位，提出了生态林业和民生林业的战略目标。对森林经营管理提出了新的更高的要求。过去的森林经营方法不再适合生态林业和民生林业发展的方向和要求。采取什么样的经营措施，使林分生物量年增量达到多少时，林分碳储量增加，能够发挥碳汇作用。经营性采伐强度多少时最合理，什么采伐方式最科学。通过什么样的结构优化技术，在确保林分生物量和碳储量增加的同时，发挥水源涵养功能，提高林分植物多样性。树种组成比例多少时最合理，什么空间结构最科学等等，在过去的研究当中均未能系统体现，这些都需要深入研究并具体量化，使得经营技术更好地指导林业生产或提供参考。结构合理、功能完善的天然林进行分类经营，进行多目标规划即可。但结构不合理、功能不强的次生林、过伐林等人为干扰的天然林类型在多目标规划前提下，如何进行经营是需要解决的重大课题。这恐怕还需从林分结构出发，揭示结构与功能关系基础上对其进行优化。森林本身具有多种功能，多目标经营是按照经营目标，突出主导功能，兼顾其他功能且使各种功能达到合理比例的技术方法。但对各个比例的量化阈值目前仍然缺乏研究。研究的层次多停留在初步的理论研究，而具体经营、优化结构技术措施等实验性论证、应用研究几乎空白。下一步需要提出针对原始林、过伐林和次生林等不同天然林类型的多目标经营规划，研究结构优化技术，并科学合理管理才能实现多目标。

　　基于上述情况，今后需要深入研究的有：不同树种组成、不同林龄的混交林水源涵养功能；间伐后碳储量动态变化；针对复层、异龄、混交林，特别是受干扰的过伐林的分树种、分年龄的碳储存积累过程、碳储量变化机制以及凋落物碳库的测定；多目标经营的结构特点；多目标经营技术措施的评判标准；在发挥多功能前提下，量化各项功能的阈值、结合点或协同点；不同天然林类型的目标树经营技术；在林分抚育经营技术上，充分考虑空间结构等多目标经营林分聚集系数变化特征以及近自然间伐经营技术等。明确这些具体经营环节的量化指标以及操作技术后，才能够实现多功能经营的目标。

1.3　天然林采伐与更新

1.3.1　生态采伐

　　森林的适度采伐与更新既能满足人类的木材消费，又能起到调节森林结构、促进森林健康发展的作用。传统采伐方式（Conventional logging，简称 CL）在森林环境保护方面存在严重问题，许多国家都在积极探索一种能将环境破坏降到最低程度的采伐方式（Reduced impact logging，简称 RIL）。由于我国长期执行"大木头挂帅"的路线，采取以取材为目的的采伐方式，不仅带来了森林资源锐减、林地生产力下降、环境恶化等一系列问题，而且传统的采伐活动也给森林及其生长环境造成了负面的影响。在此情况下，国内一些有识之士开始进行新的采伐理念和模式的探索（张会儒等，2006；2007；2008）。

1986 年，陈陆圻正式提出了"生态型森林采运"这一新名词，同年由中国林学会森林采运学会在吉林林学院组织召开了森林生态型采伐学术研讨会（赵秀海等，1994）。这是我国采运专家和林学家们第一次共同讨论森林采运作业与森林生态环境保护问题。会议指出"今后森林采运事业只有以森林生态为基础，才能保证我国森林资源的永续利用。提出这个观点是必要的、及时的、具有方向性和战略意义的"（史济彦等，2001）。这标志着我国森林生态采伐的概念初露端倪。1991 年，中国第一部有关森林生态采伐方面的专著《森林生态采运学》（陈陆圻，1991）问世。在此之后有关森林生态采伐的研究日益活跃，也受到有关政府官员和林业企业管理人员的关注。经过 10 多年的发展，我国森林生态采伐的研究有了长足进步，取得了一些研究成果，发表了很多有价值的论著（赵秀海，1995；石明章，1997；徐庆福，2000；史济彦等，2001；郭建钢，2002）。但是，到 2002 年，我国进行森林采伐研究的基本都是森林采运系统的学者，所进行的研究基本上是从采运工艺的角度展开的，缺乏与森林经营的结合，对森林生态采伐的内涵也缺少明确的界定，因此，难以形成比较系统的森林生态采伐理论体系。而森林采伐不但是森林利用的主要手段，也是调节森林结构、促进森林生长和健康发展的重要经营措施之一。随着世界森林经营理论的发展，诸如"森林生态系统经营"、"森林多功能效益经营"和"近自然经营"在我国研究的深入，加之我国森林经营和保护政策的转变，必须将森林生态采伐纳入到森林生态系统经营的体系中进行研究，这也是世界森林采伐研究发展的新趋势。

生态采伐的原则：我国已颁布的《森林生态采伐作业规程》中规定，生态采伐就是坚持"生态优先"的原则，即森林采伐以保护生态环境为前提，协调好环境保护与森林开发之间的关系，尽量减少森林采伐对生物多样性、野生动植物生境、生态脆弱区、自然景观、森林流域水量与水质、林地土壤等生态环境的影响，保证森林生态系统多种效益的可持续性。

生态采伐的内涵主要从林分和景观层次上进行。在林分水平上，要系统地考虑林木及其产量、树种、树种组成和搭配、树木径级、生物多样性的最佳组合、林地生产力、养分、水分及物质和能量交换过程，使采伐后仍能维持森林生态系统的结构和功能，确保生态系统的稳定性和可持续性。在景观水平上，要考虑不同的森林景观类型的合理配置。在采伐设计时要考虑采伐后的林地对人的感官的影响，即美观的效果，不应造成千疮百孔般的破碎景观。同时模仿自然干扰，即模拟自然状况保留一定的活树、枯立木、倒木和腐殖质等粗大木质残体，以满足动物觅食和求偶等活动的需要（高忠宝等，2009）。

在森林生态采伐的概念提出以后，我国很多学者进行了理论和技术改进的实践研究和探索。董希斌等（1997）、亢新刚等（1998）、周宁等（2009）研究结果表明，天然林生态采伐应遵循以下原则：

（1）在指导思想方面，要以森林生态学和可持续经营理论为指导，在取得一定木材收获量的同时，保持生态系统的健康、活力和完整性，充分发挥系统的各种功能，实现森林的可持续经营；

（2）在采伐方式方面，严格控制抚育间伐标准，除非特殊情况采用皆伐，一般不使用皆伐，提倡择伐；

（3）在采伐强度方面，要针对不同森林类型和立地条件，因地制宜，一般择伐强度不应超过30%；

（4）在林木采伐作业技术方面，严格控制树倒方向，减少对保留木和幼苗的伤害；

（5）在集材方面，以畜力和人力集材为主，且最好在冬季进行，以减少对地表的破坏；

（6）在伐区清理方面，尽量回收可用材，采取散铺或堆铺的方式清理枝丫，禁止采用火烧清理。

1.3.2 采伐方式和强度

在瑞士，新思想的启蒙人主要是恩格勒（Arnold Engler）在1905年指出了择伐是森林最好的经营方式，之后伯尔尼州林业督察巴尔吉格（Rodolphe Balsiger）和他的继承人阿蒙（Walter Ammon），在其30年的任期内，深入地研究了择伐林的精华之所在，认识到了择伐作业的重要意义。与此同时，在瑞士的纳沙台州云冷杉山毛榉林，毕奥来也在进行择伐作业的系统研究。他受到法国南锡国立林水大学出身的林水工程师顾尔诺（A. Gurnaud）1879年在巴黎举行的世界博览会上提出的检查法的深刻启发，将其中阐明的概念付诸行动。顾尔诺认为，择伐属于自然作业法。

在检查法中，顾尔诺主要解决了两个问题。一是择伐作为作业方式的问题，即择伐是在全林范围内进行更新的森林作业方式。二是择伐林采伐量（Possibilite）的问题。他提出了一个很简单的确定采伐量的方法，就是对每一林分均进行定期的清查，可能采伐量即等于连续两次清查的蓄积量之差除以两次清查经历的年数之商，当然还要加入在此期间的年平均采伐量部分。这就是最初检查法作业的核心思想，采伐量不超过生长量的原则。

目前，检查法的故乡瑞士仍然在继续检查法试验。德国、比利时、奥地利、瑞典、挪威和日本也都在云冷杉等暗针叶林应用过或正在使用检查法试验。可见，欧洲特别是北欧地区和国家，对择伐的态度是积极的，思想也具有远见性。

前苏联远东地区的云冷杉林，是很多河流的源头，有很好的水土保持和涵养水源的能力。但是，在 20 世纪五六十年代时，苏联对远东地区的森林采用带状皆伐、条件皆伐，造成云冷杉林的生产力及防护作用大为下降。皆伐和机械集材导致森林的结构被破坏、多种功能丧失，土壤侵蚀日趋严重，土壤肥力大大下降，云杉、冷杉被其他树种更替。现已证明，当时苏联在山地森林中进行的带状皆伐、条件皆伐是不能保证森林天然更新的。我国在这方面的教训也是惨痛的。因此，许多学者转而研究择伐的利弊。

德国林学家 Gayerz 早在 19 世纪末就指出，云冷杉易形成异龄复层混交林，对这种林分应实行择伐。后来 Moller（1920）、Engler、Balsiger、Ammon 等也都积极主张择伐（曹新孙，1990；于政中等，1996）。

不同的采伐方式对云冷杉针阔混交林天然更新影响很大。我国学者刘慎谔（1954）对小兴安岭的森林进行考察后认为，对以红松、云杉、冷杉为主的针阔混交林应"采取择伐"，"最好是弱度择伐"。刘慎谔认为，"只有采用择伐作业的方式，才有可能在采伐之后利用大小年龄不同的乔灌树木的庇荫作用，使更新的阴性针叶树种，不经过过渡林的发育过程，直接继续更新，迅速成为以阴性针叶树种为主的针阔混交林。"同时，"能够保留其中的幼壮树木，缩短森林采伐的周期，使其迅速循环，保证国家对木材需要的供应。"刘慎谔认为，皆伐的恶果是"有利于草皮的发展而不利于树种的发展"，"大好森林面积迅速变为荒山荒地，给农业生产造成严重的水旱灾害"（刘慎谔，1954；1986）。1980 年 12 月，中国林学会在北京召开了"森林合理经营永续利用学术讨论会"，关于我国一些主要林区的主伐更新方式问题，特别是东北林区的主伐更新方式问题，成为人们讨论的重点，多数学者肯定了择伐方式的优越性。

从云冷杉针阔混交林的生物学特性来看，天然更新是比较可靠的更新方式。前苏联、北美洲及我国东北地区云冷杉针阔混交林的经营研究表明，通过渐伐和择伐可以获得良好的天然更新效果；而皆伐后，一般天然更新困难，因为大量的更新幼树由于不能适应突变的环境而死亡。渐伐和择伐后，林分整体结构保持较完整，森林环境不被破坏，天然更新效果较好，并且有利于防止土壤侵蚀，充分发挥森林的各种生态功能。而皆伐后，往往引起云冷杉被其他阔叶树种更替，并带来一系列的土壤侵蚀、水土流失等环境问题。刘建泉等（1998）、于政中等（1996）和韩景军等（2000）研究得到了与上述结果基本相同的结论。

有关云冷杉针阔混交林的采伐强度方面，Zachjara 在研究择伐对欧洲赤松 *Pinus sylvestris* Linn. 林分结构影响时认为，小强度间伐对林分结构没有太大的影响，20%~30% 的强度对改善林分结构和树木生长的效果较好。

我国过去曾采用径级择伐、采育择伐、采育兼顾伐等作业方式，采伐强度设计为 40%~60%，加上采伐、集材中损坏的林木，保留林木常不足 20%~40%，相应的回归年多定为 20 ~ 30 年。在这样的采伐强度下，所定的回归年内根本回归不了，有的林分已变成了另外的森林类型，甚至无法恢复伐前的状态（亢新刚，2001）。所以，许多学者对不同采伐强度下天然更新的状况进行了研究。期望找出合理的采伐强度。

王镇等（2001）在小兴安岭、完达山、长白山及大兴安岭东坡等山地进行研究后指出，云冷杉针阔混交林分择伐强度应以 20% ~ 25% 为适宜，伐后林分郁闭度必须保持在 0.6 以上，尽可能保留一定比例的阔叶树种。黄树坤等（2002）研究不同蓄积量的云冷杉针阔混交林采伐强度后指出，每公顷蓄积 170m³ 以上林分的采伐强度可在 30% 左右；120 ~ 170m³，采伐强度控制在 20% 左右；100 ~ 120m³，采伐强度控制在 15% 以内；80 ~ 100 m³，采伐强度一定要控制在 10% 以内。宋采福等（2001）对青海祁连山云杉林渐伐后出现风倒、枯死现象进行了分析，认为采伐强度越小、郁闭度高，风倒木越少。考虑到祁连山水源涵养林的特殊性和脆弱的生态环境，青海云杉林不宜采用皆伐，适宜采取择伐，保留郁闭度不能低于0.6，蓄积采伐强度以 15% 以下为宜。于政中等（1996）、亢新刚（2001）等对吉林省东部云冷杉针阔混交林研究的结论是，采伐强度在 10% ~ 15% 之间，回归年以10 年为好。这样的采伐强度不仅有利于更新，也能够保持蓄积生长量达到最大。

综上所述，采伐强度的确定是个很复杂的问题，需要考虑林分所处的地形地势条件、木材的收获量、对现有林分结构的调整、对更新的影响效果等多种因素。目前多数学者认为，采用择伐方式，采伐强度在 10% ~ 30% 之间是比较合适的。

1.3.3 天然林更新

森林更新是生态系统动态变化中森林资源再生产的一个自然的生物学过程。这个过程受环境条件、自然干扰和人为干扰类型、更新树种的生理生态学特性、现存树种与更新树种的关系、竞争植物种和其他生物种的特性等因素及其相互作用的影响。徐鹤忠等（2006）研究不同采伐方式下的兴安落叶松天然林更新后认为，择伐林更新株数主要受林分郁闭度的制约，皆伐和二次间伐林更新株数主要受草本植物的制约，影响兴安落叶松有效更新株数的主要因子是土壤厚度、采伐类型和树种组成。在 3 种采伐方式中，更新最好的是择伐，其次是二次间伐，最差的是皆伐。兴安落叶松在树种组成中比例越大，更新株数越高。

倒木和倒后腾出的空间是天然更新的重要场所。赵秀海（1996）研究阔叶红松林倒木与天然更新的关系后指出，倒木的腐烂程度、直径大小和林地状态对天然更新影响较大，而树种和苔藓复层状况对更新影响较小，所以，在样地内保留适当的倒木有利于天然更新。金沟岭林场过伐林更新幼苗大小级结构均属于稳定型种群,分布格局为聚集分布(李婷婷等,2009;乌吉斯古楞等,2009)。

采伐方式和采伐强度的合理与否对森林更新也产生一定的影响。不合理的采伐会对森林更新产生不利的影响,甚至可能给森林更新带来困难;合理采伐可以为森林更新创造良好的条件,促进森林更新。因此,正确确定主伐方式和采伐强度对促进森林更新意义重大(陈陆圻,1991)。

1.4 天然林林分目标结构

1.4.1 林分结构

林分结构是林分特征的重要内容,是林分功能的基础和表现,一直是人们研究的重点问题,是经营森林的理论基础。林分结构主要是用树种组成、年龄、直径、树高、形数、林层、密度和蓄积等指标描述(孟宪宇,1996;王艳洁,2008;乌吉斯古楞等,2009)的数量特征和林木的位置和空间排列方式(惠刚盈等,2001)来表达。现在国内外常用的表达林分结构的指标,更趋向于与空间位置相关的指标(魏晓慧等,2011)。林分的数量特征提供了林分经营的基础信息,它们的有机组合构成一定的结构规律,并决定着林分的功能(乌吉斯古楞等,2009)。目前各国森林资源调查中,采取这些指标的同时,主要考虑林木的位置和空间排列方式。如果林木的位置和空间排列方式(空间结构)不同,对于一个稳定的林分,由于它们的不同林分结构,对空间的利用以及所表现的种间关系会是完全不同的,在其经营措施和技术的选择上也会有明显差别。从这一点看,仅以数量特征表达的林分结构,由于缺乏空间结构信息具有一定的局限性。因此,必须在表达数量特征的同时,表达出相应的林分空间分布信息,才能对林分整体做出较为完整的描述和判断。

森林群落生长过程中林分结构不断的发生改变,特别是受到不同程度的干扰后其林分结构发生不同程度的改变,林分结构决定林分功能,不同的结构发挥其相应的功能,林分功能是林分结构的反映。为了充分发挥林分的各种功能,需要研究并调整林分结构,这对森林经营管理具有重要意义。

1.4.1.1 水平结构

林分水平结构主要是指林分密度和林木的配置,包括林分直径分布、树种组成、分布格局等方面。

亢新刚等(2003)研究长白山过伐林区云冷杉针阔混交林直径结构认为,Weibull 分布与负指数分布均能较好描述过伐林直径结构。郎奎建(2004)从固定样地资料出发,构造地位指数函数、胸径生长历程函数、林分枯损函数等基础模型。在林分状态结构的极限分布是在正态分布条件下，建立林分状态动态结构的 Weibull 分布模型。通过建立密度、地位阻尼因子，实现基础模型向现行密度、地位模型的非线性过渡。通过定义树种重叠效应系数，成功地解决混交林按纯林模型有机的复合。

1.4.1.2 垂直结构

林分垂直结构是森林植物群落的基本特点之一，每一层都由不同的植物组成。不同地区和不同立地的植物群落，垂直结构有所不同。典型的森林主要包括 4 个层次，即林冠层、下木层、草本层、苔藓层。林冠层是高大乔木组成的森林最主要的林层。通常，可将林冠层再区分为若干个亚层。

赵淑清等（2004）研究了长白山北坡植物群落乔木层、灌木层和草本层的物种多样性随海拔升高发生的变化，而关于林分内的垂直结构变化规律研究在国内甚少，垂直结构合理分配对充分利用林分空间具有重要意义，有必要深入研究林分垂直结构规律，为合理经营管理提供重要依据。

综上所述，林分水平结构研究中，直径结构研究主要集中在直径分布曲线及其拟合、直径与株数关系、树高与株数的关系等，研究表明，Weibull 分布与负指数分布和 q 值法均能较好描述过伐林直径结构；空间分布格局可以采用方差均值比率法和 x^2 检验、游程分布和秩检验、均方—区组分析、协方差等方法以及角尺度、混交度、大小比数和距离方法等不同方法进行分析。

1.4.2 林分目标结构

森林的目标结构是指能够持续地最大限度地满足经营目的、发挥森林各种功能、符合资源可持续的森林结构。

1899 年法国学者德莱奥古（de Liocurt）提出异龄林中各径级株数按几何级数减少的研究报告，即相邻两个径级的株数之比是常数 q，即 q 值法则。毕奥莱（Biolley）1920 年提出了定量描述恒续林蓄积按径级的最优比例。他认为云冷杉林分中，小径木（20~30cm）、中径木（35~50cm）、大径木（55cm 以上）的蓄积比例为 2:3:5，能保持林分最高生产力（于政中，1993），一般蓄积量在 300~400m³/hm²，生长量和生长率也最高。这是最早的混交林优化经营模型。美国学者迈耶（H A Meyer）1952 年在总结前人研究基础上，提出异龄林各径级林木株数随径级增大而减少，形成反"J"型曲线（于政中，1993）。此规律是迄今为止描述理想异龄林最重要的非空间结构特征之一。

日本高桥延清（1971）对异龄林进行了大量的研究工作，提出以平均蓄积 300m³/hm²，年生长量 7~8 m³/hm²，针阔混交比 7:3 作为异龄林的结构目标。

于政中、亢新刚等人从 1987 年至今，对长白山过伐林区云冷杉针阔混交林进行了检查法试验后认为，针阔混交比7:3较合理。择伐强度不超过20%，最好在15%左右。

林分目标结构研究主要集中在林分收获、树种比例、直径结构等方面，提出的目标结构不够全面，缺乏系统性，从林分的生物多样性和稳定性以及生态系统健康性等方面研究不足，并且对于兴安落叶松过伐林的目标结构的系统研究还不够完善。

森林经营是一个长期过程，不同的自然条件、经济条件、培育目标，其经营措施都是不同的。必须以系统论为指导进行多学科的综合分析，把森林自然分类、森林经济分类和森林功能分类有机结合起来，从而建立科学的森林经营体系。这种经营体系的理论和方法，要求在分类经营的基础上，建立一整套标准化、规范化的经营技术，它是反映一个国家或地区的森林经营水平高低的重要标志之一。

我国《森林法》把森林按其不同效益和用途在原先五大林种（用材林、经济林、薪炭林、防护林和特种用途林）的基础上划分为两大类（商品林和生态公益林）来经营管理。近年来，我国林业专家、学者对林业发展战略和经营等问题进行了广泛的探讨，多数林业专家认为，我国林业应实行多效益的可持续发展林业的经营方针。但生态效益、社会效益和经济效益三者之间如何摆法看法不一。对我国这样一个幅员辽阔的大国来说，应以区域为单位，采取因地制宜的经营管理措施，力求三大效益最佳状态（陈大珂，1991；徐化成，1991；徐化成等，1993）。因此，确定森林经营目标，摆好三大效益地位，提出合理的目标结构和结构调整理论与技术，发挥森林的最大功能，是森林经营管理中的重要环节。

第2章

过伐林结构优化理论基础

过伐林是原始林经过高强度采伐之后形成的，从受干扰的程度划分属于原始天然林和次生林之间的一种类型，它的演替变化可在人工诱导下成为优质高产的针阔混交林，如果森林结构继续被破坏，将退化为次生林，甚至沦为草地、灌丛（亢新刚等，2003；2008）。大兴安岭地区有大面积的过伐林，如何进行合理经营，使其正向演替，成为结构稳定、功能完善的林分，是林分经营的关键。叶林等（2011）认为，过伐林比次生林更容易恢复成原始状态的针阔混交林。若继续加以干扰破坏，过伐天然林即变成次生天然林；如能进行合理的经营，则过伐林是向针阔混交林恢复速度较快的森林类型。

2.1 林分空间利用理论

林分空间利用率是指林木在特定立地条件下，充分利用生境，在水平和垂直空间中使光热、水分以及营养空间的合理被利用水平。主要表现在林木个体大小、在林分中的位置以及格局。通过调整林木空间利用率，降低天然林林分结构"过度"自然属性，使其更趋合理，提高营养空间的利用率，促进林木生长和强化功能。提高林分空间利用率就是有效填充林分空间的过程。

在天然林林分生长过程中，林木胸径和高生长不断分化，达到一定密度范围后生长量受到抑制，在有限的空间内被逐渐"合理布置"，由简单的单层林逐渐被分成复层林、异龄林，甚至形成多代林。再如，天然林形成林隙后，林隙更新就是林分空间被填充的过程。林木空间格局研究实际上就是林分空间利用技术的重要组成部分，是基础性工作。林分空间利用理论研究也是空间结构研究的进一步拓展。目前，水平格局研究已经有系统性的研究成果，但缺乏将这些研究成果与林业生产、森林抚育经营相结合。垂直结构方面，目前仍然未开展深入系统研究，特别是与林业生产、森林经营技术相关的研究几乎为空白，需要深入研究。

2.2 空间利用技术

2.2.1 水平空间填补规律与技术

运用 SPSS Statistics 17.0 软件，对胸高断面积（m^2/hm^2）、林分密度（株/hm^2）、林分蓄积量（m^3/hm^2）、更新密度（株/hm^2）、林木聚集系数（$D \geq 5cm$ 林木）等与水平空间紧密相关的因子进行了相关性分析（表 2-1）。林分空间由大树（$D \geq 5cm$）和更新幼树（$D < 5cm$）所占据。因此，林木胸高断面积越大，林分蓄积量就越大，两者呈显著正相关。随着林木胸高断面积的增大，其占据林分空间的比重也增加，而减少更新幼树所占空间，因此影响林分更新密度，两者呈显著负相关。

表 2-1 相关性分析结果

项目	胸高断面积/ 林分蓄积量	胸高断面积/ 更新密度	林分密度/ 林木聚集系数	林分蓄积量/ 更新密度
R^2	0.918 * *	− 0.635 *	0.594 *	− 0.684 * *
Sig.	0.000	0.015	0.025	0.007
N	14	14	14	14

注：*表示 0.05 水平上显著，* *表示 0.01 水平上显著，下同。

林木水平空间利用率，应由林木胸高断面积和林木空间格局所决定。前者是个体大小，后者是空间排列方式。在林木胸高断面积相同情况下，当林木格局不同时，其空间利用率将会不同。因此，不同聚集系数的林木格局它所占用的林分空间也将会不同。混交距离是调整种间关系的重要指标之一，为保证目的树种的正常生长，应合理调整混交距离和混交方式、优化林分结构、提升林分功能。

2.2.2 垂直空间填补规律与技术

垂直空间主要以林分层次和林木高生长来表示。14 块标准地共有 4 种面积，分别为：20m×30m、30m×30m、30m×40m、40m×40m（表 2-2，图 2-1 至图 2-4）。为表述林木垂直空间利用情况，将标准地对角线上的样方（灰色标注）林木高度和垂直分布作为参考。分别选出标准地 5、1、7 和 14 四块标准地，画出标准地乔木垂直"断面"图（图 2-5 至图 2-8）。从 4 张图能看出不同标准地填充林分垂直空间的差异。也就是说，林分垂直空间利用率大有不同。主要表现为林分高度范围、林分垂直层次数、各层次林木株数以及林木高度是否在垂直层次中表现为阶梯式分布特征等。图中 X 坐标表示林木相对位置距坐标原点（标准地西南角）的距离，为东西方向坐标。

表 2-2　标准地基本情况

标准地号	面积（m²）	林分密度（株/hm²）	树种组成	平均胸径（cm）	平均树高（m）	空间格局
1	30×30	1433	5 落 3 桦 2 杨	13.6	13.2	聚集分布
2	40×40	1019	9 桦 1 落 + 杨	10.8	9.9	聚集分布
3	40×40	1994	6 桦 4 落 + 杨	8.1	9.4	聚集分布
4	40×40	2238	5 落 5 桦 – 杨	10.4	10.9	聚集分布
5	20×30	1983	5 桦 5 落 + 杨	9.1	10.5	聚集分布
6	40×40	2775	7 落 3 桦 + 杨	9.6	10.7	聚集分布
7	40×40	1750	6 落 3 桦 1 杨	12.0	10.9	聚集分布
8	40×40	1425	7 落 3 桦 + 杨	12.8	12.1	聚集分布
9	30×30	2556	7 桦 3 落 – 杨	9.4	10.0	聚集分布
10	30×30	1367	8 落 2 桦	12.2	10.3	均匀分布
11	30×30	2067	8 落 1 桦 1 杨	11.8	10.5	聚集分布
12	30×30	1722	7 落 3 桦 – 杨	12.7	11.1	聚集分布
13	30×30	233	7 落 3 桦	11.4	10.2	聚集分布
14	30×40	892	9 落 1 桦 – 杨	15.5	10.0	聚集分布

24	23	22	21
17	18	19	20
16	15	14	13
9	10	11	12
8	7	6	5
1	2	3	4

36	35	34	33	32	31
25	26	27	28	29	30
24	23	22	21	20	19
13	14	15	16	17	18
12	11	10	9	8	7
1	2	3	4	5	6

图 2-1　标准地面积 20m×30m 样方布置　　**图 2-2　标准地面积 30m×30m 样方布置**

48	47	46	45	44	43	42	41
33	34	35	36	37	38	39	40
32	31	30	29	28	27	26	25
17	18	19	20	21	22	23	24
16	15	14	13	12	11	10	9
1	2	3	4	5	6	7	8

图 2-3 标准地面积 30m×40m 样方布置

64	63	62	61	60	59	58	57
49	50	51	52	53	54	55	56
48	47	46	45	44	43	42	41
33	34	35	36	37	38	39	40
32	31	30	29	28	27	26	25
17	18	19	20	21	22	23	24
16	15	14	13	12	11	10	9
1	2	3	4	5	6	7	8

图 2-4 标准地面积 40m×40m 样方布置

为了进一步说明林分垂直空间利用率，将林分垂直层按 2m 等距划分，分析每个层次林木株数情况（图 2-9、图 2-10）。柱形图形状各异，大致可分为反"J"型、左偏单峰型和正态分布型等 3 种。标准地 9~14 未调查 1.3m 以下幼树，因此图形不同于其他标准地。从林分空间利用率角度讲，像人工林单一层的林分空间利用率应该最高，但从林分可持续利用、循环利用角度看，复层林的结构更趋合理。林分垂直层不同树高株数呈三角形或梯形较为合理。采伐第一层林木后又很快由第二层林木填补，时间间隔短，效益可观（时间间隔期和各个层次林木株数比例是关键），不破坏林分结构和功能。因此，不同树高株数比例呈反"J"型和斜线型较为合理。在林分密度相近情况下，反"J"型和斜线型林分蓄积量较高，如标准地 1、4、6、7、14（图 2-9、图 2-10），而且树高变化幅度大。尽管标准地 2 也呈反"J"型，但林分密度较小，故林分蓄积量也偏小。上层木是影响林分蓄积量的主要因素。随着树高≥8m 株数比例增加，总体上林分蓄积量也增加，尽

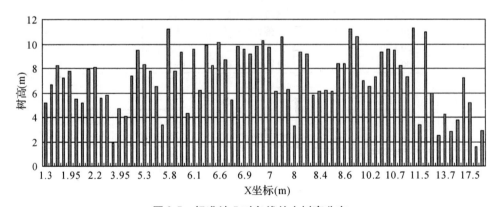

图 2-5 标准地 5 对角线林木树高分布

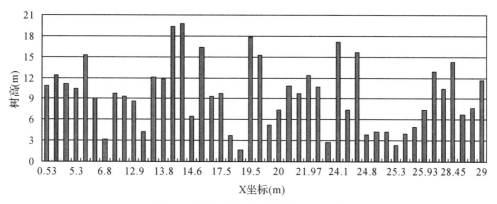

图 2-6　标准地 1 对角线林木树高分布

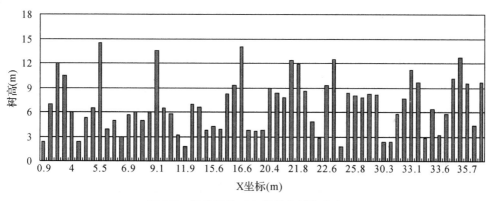

图 2-7　标准地 7 对角线林木树高分布

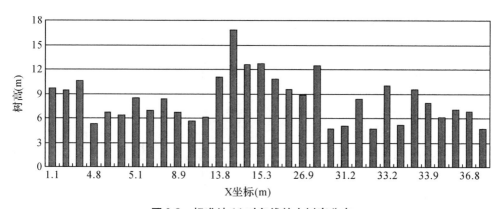

图 2-8　标准地 14 对角线林木树高分布

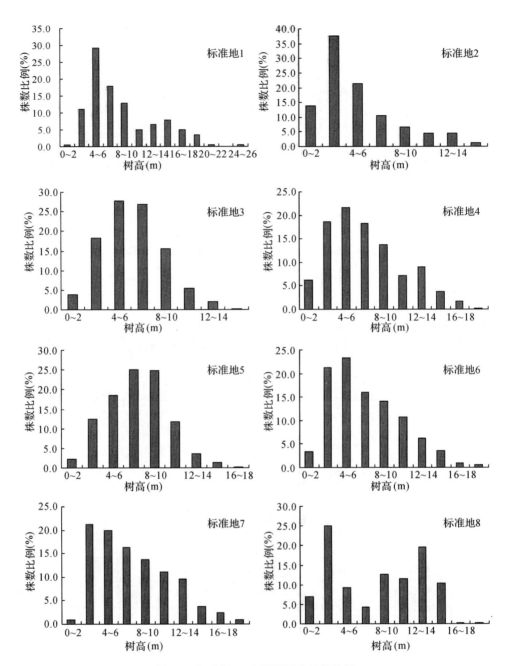

图 2-9　标准地 1~8 不同树高株数比例

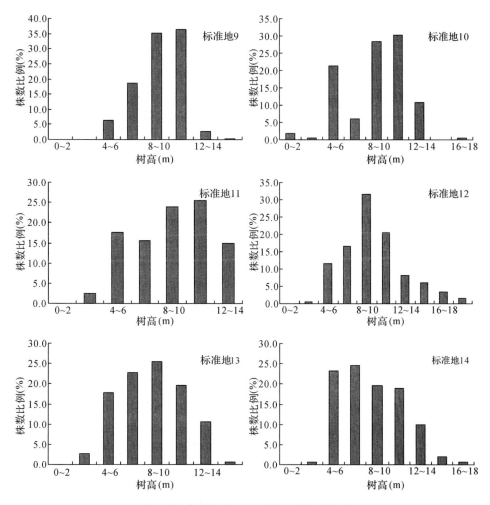

图 2-10 标准地 9~14 不同树高株数比例

管两者达不到显著正相关程度，但成为主要影响因子（图 2-11）。其中，标准地 9 和 10 树高 ≥8m 株数比例较高，但林分蓄积量不成比例。这主要是树高 ≥14m 株数比例较小（仅 0.4% 和 0.6%），与采伐干扰有关。标准地 1、4、6、7 树高 ≥8m 株数比例较少，但林分蓄积量相对高，这主要是树高 ≥14m 株数比例相对高。分别为：16.9%、5.6%、5.1%、7.2%（图 2-9、图 2-10）。因此，在林分结构优化时，林分垂直各层次林木株数以及各层次之间高差是关键问题，这关系到林分采伐间隔期和林分蓄积量大小。第一层采伐以后，如第一层与第二层次高差合理，则下次采伐间隔期将有效缩短，同时因为各层次的林木株数比例合理，将大大提高林分蓄积量。

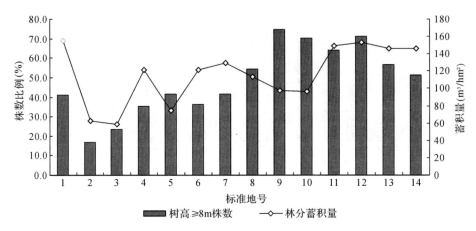

图 2-11　各标准地树高≥8m 林木株数比例

随着林龄增加，林木空间利用率增加，未干扰的林分结构趋于合理，林分水平空间和垂直空间得到有效填补。也就是说，从幼龄林（年龄≤40 年）、中龄林（41 年≤年龄≤80 年）、近熟林（81 年≤年龄≤100 年）、成熟林（101 年≤年龄≤140 年）到过熟林（年龄≥141 年）的演变过程中，林分结构将产生一系列变化。林木胸高断面积逐渐增加，林分密度逐渐减少，林木聚集系数逐渐减小（图 2-12至图 2-14）。

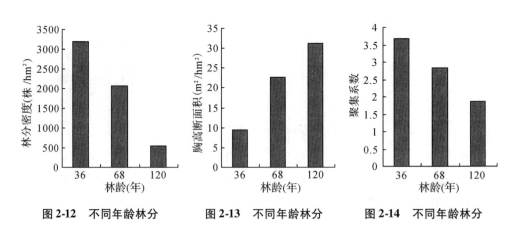

图 2-12　不同年龄林分密度变化　　**图 2-13　不同年龄林分胸高断面积变化**　　**图 2-14　不同年龄林分林木聚集系数变化**

第 3 章
过伐林结构优化技术

3.1 优化目标

随着经济社会的发展，人类对森林功能的要求不断拓宽，由过去的木材利用等单一需求，向木质、非木质林产品和生态功能等多样化的方向发展。通过多目标经营，发挥森林的多种功能是今后森林经营的主要趋势。大兴安岭天然林由于长期过度利用和保护不善，使大量原始林受到不同程度的干扰和破坏，而形成了大面积的过伐林等。过去对大兴安岭天然林(原始林、过伐林、次生林)的经营重利用轻经营现象普遍，采取了不合理的非经营性采伐或单一经营目标的抚育经营，使得森林结构遭到严重破坏，功能低下，失去了自然规律性。结构不合理、功能不强的过伐林等受人为干扰的天然林类型在多目标规划前提下，如何进行合理经营，成为结构稳定、功能完善的森林，是当前亟待解决的关键问题。这还需从林分结构出发，在揭示结构与功能关系基础上进行科学优化。

本书提出的林分结构优化的主要目标是恢复过伐林自然规律，促进过伐林正向演替，使其结构合理、功能完善，为实现大兴安岭多目标经营提供技术支撑。具体包括：①以发挥生态功能为主要经营目标，兼顾木材生产和碳储存等主导功能；

②调控林分演替，使其有利于实现经营目标；③提高水平空间和垂直空间利用率，形成林木格局合理、垂直层次呈阶梯式分布的复层、异龄林；④落叶松和白桦组成比例接近8:2至9:1的混交林；⑤强化林分自然更新水平，提高林下草本多样性；⑥调整种间关系，使枯立木形成和更新格局更趋合理化。

3.2　优化原则

3.2.1　森林可持续经营

　　1992 年联合国环境与发展大会通过了《关于森林问题的原则声明》，森林可持续经营成为时代主题。可持续森林经营意味着对森林、林地进行经营和利用时，以某种方式，一定的速度，在现在和将来保持生物多样性、生产力、更新能力、活力，实现自我恢复的能力，在地区、国家和全球水平上保持森林的生态、经济和社会功能，同时又不损害其他生态系统（中国可持续发展林业战略研究课题组，2003；唐小平等，2012）。全世界 150 多个国家和地区参与了森林可持续经营标准的制定和实施。国际或全球水平上，现已形成的重要的国际进程有 9个：泛欧赫尔辛基进程（PEFP C & I）、蒙特利尔进程（Montreal PCI）、国际热带木材组织进程（ITTO PCI）、非洲干旱地区进程（DZA C & I）、塔拉波托进程（Tarapoto PCI，或称为亚马孙森林可持续经营标准）、近东进程（NE Process）、中美洲进程（Lepaterique PCI）、非洲木材组织进程（ATO Process）、亚洲干旱地区进程（RIDF in Asia）。我国参与了蒙特利尔进程（Montreal PCI）和亚洲干旱地区进程（RIDF in Asia）等（唐小平等，2012）。于 2002 年，我国颁布了国家尺度森林可持续经营标准与指标体系，即《中国森林可持续经营标准与指标》（LY/T 1594 –2002）。2010 年颁布了区域尺度森林可持续经营标准与指标体系，即《中国东北林区森林可持续经营指标》（LY/T 1874 – 2010）、《中国热带地区森林可持续经营指标》（LY/T 1875 – 2010）、《中国西北地区森林可持续经营指标》（LY/T 1876 –2010）、《中国西南林区森林可持续经营指标》（LY/T 1877 – 2010）。在上述指标体系中，生物多样性保护、涵养水源、森林蓄积量、碳储存、生产木材、天然更新能力等指标与本研究密切相关。因此，应在优化林分结构当中，在森林可持续经营目标框架下，遵守相关的指标原则。

3.2.2　近自然森林经营

　　近自然森林经营思想在 19 世纪末起源于德国，于 20 世纪 90 年代初传入我国。近自然森林经营是模仿自然、贴近自然的一种森林经营模式，它阐明的思想是"林分结构越接近自然就越稳定，森林就越健康、越安全"，其理论与实践都建立在对原始森林的研究基础上（惠刚盈等，2007）。近自然森林经营具有低成本、高生态的特点，对促进林分蓄积增长、维持地力、增加生物多样性、提高森林群落稳定性具有重要意义。

在近自然森林经营中最基本的经营模式是森林择伐经营和目标树培育，这种模式在保障森林近自然特性和生物多样性的情况下，通过对现实森林稳定结构的林学技术来实现森林经营的木材生产、环境保护和文化服务等效益。天然林近自然经营的基本原则是选择林分中 20% 以内的少量优秀个体为经营主体对象，而把大部分林分留给自然的进程去调节和控制。目标树单株木经营是以单株林木为对象，充分利用林地自身更新生长的潜力，兼顾生态和经济目标，在保持生态系统稳定的基础上最大限度地降低森林经营投入并尽可能多地生产森林产品（惠刚盈等，2007）。近自然森林经营方法是，尽量利用和促进森林的天然更新，从幼林开始就选择目标树，整个经营过程只对选定的目标树进行单株抚育，内容包括目标树种周围的除草、割灌、疏伐和对目标树的修、整枝。对目标树个体周围的抚育范围以不压抑目标树个体生长并能形成优良木材为准则，其余草、灌及林木任其自然竞争、自然淘汰。

本书优化过伐林结构的思路是：必须遵循生态学的原理来恢复和管理过伐林，参照原始林结构，通过优化使过伐林成为结构稳定而健康的林分。在近自然森林经营方法中提出的培育针阔混交林、复层异龄林、单株抚育和择伐利用、目标树经营以及依靠天然更新等原则理念，在林分结构优化设计中比较适用。

3.2.3 发挥多功能

过去对天然林的经营目标、资金、技术、政策与今日大不相同。过去对兴安落叶松林过度采伐利用，采取了不合理的采伐方式、采伐强度和采伐对象，导致过伐林的结构遭到了破坏，功能下降，不利于发挥多种功能。本书将遵循生态功能优先原则，兼顾木材生产和碳储存等功能，优化过伐林结构，以发挥多种功能为宗旨。分析各个林分结构特征后，找出突出功能，在此基础上拓展或调控结构来向多功能目标发展，但必须以现有的结构功能特征为基础，增强其他功能。采取以主导功能为主，增强以辐射功能为调控的目标和技术手段。

3.2.4 充分利用空间

林分从幼龄更新、林分郁闭、林木竞争到林分分化的过程是林分空间被合理填充的过程。也是林木在有限的林分空间中被"合理布置"的过程。优化过伐林林分结构时，在林分抚育经营技术上，充分考虑空间结构因素；在抚育间伐时，充分考虑林木空间格局。合理调控不同个体大小的林木在水平和垂直空间中的位置、格局和数量比例，使其在林分空间中合理布置、合理利用营养空间。遵循提高林分空间利用率的原则，提高林分生产力、碳储量、林下更新和促进林分演替。

3.2.5　目标树精细化管理

传统的目标树经营，更多考虑的是促进目标树生长，围绕目标树结构采取经营措施。本书将目标树按照个体大小、年龄、位置、用途和其他重要程度进行分类管理，这是从林分整体出发，以恢复并优化过伐林林分结构，促进林分生长，提高林分生产力，发挥林分多功能，提高林分自然更新生长能力为目标的目标树精细化管理技术。

3.3　优化方法与技术

本书提出以生态功能优先，以木材生产和碳储量等主导功能为经营目标的林分结构优化技术。设计出人工辅助更新、人工补植、诱导混交林以及基于目标树精细化管理的抚育间伐等技术措施，调控林分树种组成、林分密度、空间格局、垂直结构，提出针对不同经营目标的林分结构优化技术。确定合理的间伐对象、强度、方式等(图3-1)。

主要有以下技术措施：

(1)综合树种组成、林分密度、直径结构、空间格局、垂直结构、林分演替及林下更新等多种因素的经营管理技术。

(2)兼顾林分垂直结构、林木空间格局的近自然化经营技术措施。最大程度地利用水平空间，在垂直分布上形成阶梯式分布特征。

(3)兼顾种源、母树位置的人工辅助更新技术措施等。

(4)在传统目标树经营技术基础上，将林分目标树按照个体大小、年龄、空间位置和用途等进行分类管理等目标树精细化管理技术。

3.3.1　人工促进更新技术

对林分更新较差的过伐林，为提高天然更新能力，采取人工辅助天然更新的技术措施。

(1)在母树周围(距母树10m)设置1m×1m的小样方，清除小样方内的灌木和草本，清理、抛开死地被物层，露出土壤表层，提高种子接触土壤的几率，促进种子发芽生根，促进林分天然更新。人工辅助更新时，必须考虑$D \geqslant 10cm$林木位置和格局，尽量选择枯枝落叶层较厚、林木种子难以接触土壤的地点，避免

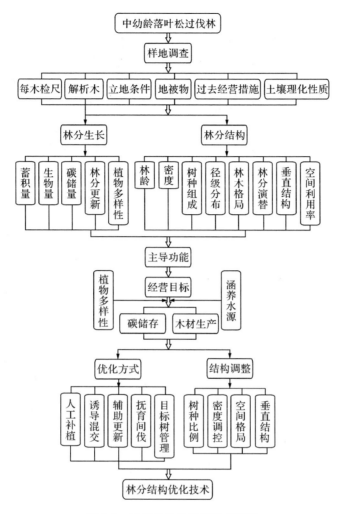

图3-1　过伐林结构优化技术路线

与具有潜在天然更新能力的位置范围重叠。

（2）在母树数量和位置合理的前提下，对林分更新仍然差的过伐林，采取调节营养生长和生殖生长关系的技术措施，促进林木开花结实。根据营养生长和生殖生长不同表现，采取物理方法和化学措施等不同的措施：①物理方法，环剥等；②化学措施，应用生长调节剂赤霉素、乙烯等（梁玉堂等，1995）。

3.3.2　诱导混交林技术

针对白桦纯林进行局部抚育、人工补植方法诱导成白桦落叶松混交林。

（1）对标准地内丛生白桦进行间伐，每丛要保留 1 株干形较直、树冠圆满、生长良好的白桦，其余与白桦萌生枝条（更新幼树）一并伐除。

（2）在标准地林木空隙内，以见缝插针方式栽植 2 年生落叶松 1 级苗，栽植密度为 2500 株/hm^2。春季栽植，当年成活率达到 90%，3 年保存率要达到 85% 以上。穴状整地长、宽、深度规格为 50cm×50cm×30cm。栽植时根系舒展，分层填土，苗正踩实。人工补植时，补植位置是关键。必须考虑 $D \geqslant 10$cm 林木位置和格局，尽量选择枯枝落叶层较厚，林木种子难以接触土壤的地点，避免与具有潜在天然更新能力的位置范围重叠。把天然更新、人工辅助更新和人工补植有机结合，调控林分结构，节省成本。

3.3.3　抚育间伐技术

针对白桦纯林、白桦落叶松混交林、落叶松白桦混交林等 3 种类型林分，进行抚育间伐设计。将落叶松作为目标树种，白桦作为伴生树种，山杨作为非目标树种来处理。在抚育间伐时，需要考虑以下几个方面：①要保留自然形成的枯立木和枯倒木，清除人为形成的枯立木和倒木；②在选择间伐对象时，除了看林木生长指标以外，还充分考虑空间结构因素，将林木空间格局和林木聚集系数作为选择重要条件之一；③有利于缓解种间和种内竞争关系；④间伐后将能够促进林分更新；⑤确保母树数量，并形成合理的格局；⑥间伐有利于林下植被生长，提高植物多样性；⑦有利于提高林木空间利用率，林分水平和垂直空间被合理填充；⑧有效调解林分树种组成，促进林分正向演替，有利于实现林分经营目标。

3.3.3.1　间伐对象

（1）对标准地内丛生白桦进行间伐：每丛要保留 1 株干形较直、树冠圆满、生长良好的白桦，其余白桦与萌生枝条（白桦更新幼树）、山杨等非目标树种一并伐除。

（2）间伐被压木（4、5 级木）：在兴安落叶松被压木中，无生长转换的占 88.2%（玉宝等，2008），应伐除这些被压木。

（3）根据林分演替趋势，按照落叶松白桦混交林的经营目标，从林分主林层和演替层中，适当间伐白桦木，抑制白桦木优势，调整树种组成和调控林木演替，优化林分结构。

3.3.3.2　间伐强度

按照经营目标，针对不同结构的林分，采取相应优化措施的需要，确定出合理的间伐强度（蓄积强度和株数强度）。间伐强度的大小，主要由在林分中被压木的株数比例、丛生白桦株数比例、林分演替状况等来决定。

3.3.3.3 间伐方式

为过伐林结构优化，促进生长，调控林分演替，可采用综合抚育法。伐除一定比例的被压木，保留自然形成的枯立木、枯倒木，促进目标树生长，调控林分演替，兼顾主林层、演替层和更新层等各个层次。伐后郁闭度保留在 0.6 以上。

3.3.4 目标树精细化管理技术

在过去森林抚育技术中，围绕抚育目的将林木划分为：目标树、辅助木、有害木；保留木、有益木、砍伐木；优良木、有益木（辅助木）、有害木（砍伐木）等 3 级木。这主要依据林木生长状况、个体大小、生长势等情况来划分，缺乏考虑林木位置、格局、用途、作用和其他功能等。过去将林木划分为 5 级木是主要从收获量、木材生产的角度来划分。对于可持续经营和以突出生态效益经营来讲，此划分方法和标准是远远不够的。需要进一步深入划分依据和划分方法以及目标，便于森林抚育经营。

本书为优化林分结构，调控演替，促进林分生长，提高林分自然更新能力，增强生态功能，提出林分目标树分类管理等目标树精细化管理技术。将林分中的林木按照经营目的、用途和功能划分为 7 类：用材树、后备树、伴生树、演替树、母树、更新树、间伐树。

（1）用材树：指林分优势木中的 1 级木。指生长良好，无病虫害，树冠最大且占据林冠上层，在样地内同龄级林木中，胸径和树高较大，D_r（相对直径）$\geqslant 1.02$。

（2）后备树：指 2 级木。具有培育前途的用材后备树。

（3）伴生树：主要指白桦。对林分更新、快速郁闭、林分演替起到重要作用。

（4）演替树：处于更新层到主林层的林分垂直高度范围内的林木。生长尚好，无病虫害，树冠较窄，胸径和树高较优势木差，位于林冠中层，树干圆满度较好，在样地内同龄级林木中，胸径和树高与林分平均胸径和平均高比较接近，$0.70 \leqslant D_r < 1.02$。主要指目标树种的平均木，为 3 级木。对林分演替、垂直分布具有重要作用。随着林分生长，由演替树逐渐转移为后备树。

（5）母树：为林分更新起到种源作用，将影响未来分布格局以及龄级结构。

（6）更新树：更新情况将直接影响林分树种组成、林木格局、林木垂直结构以及龄级组成。

（7）间伐树：指被压木、4~5 级木、白桦丛生木、非目标树种以及为调整林木水平格局、垂直结构和调控林分演替的需要必须伐除的林木。其中，被压木指生长不良、无病虫害、树高和胸径生长均落后、树冠受挤压严重、处于明显被压状态的林木，$0.35 \leqslant D_r < 0.70$（玉宝等，2008；2011）。

第 4 章

试验区概况

4.1 地理位置

试验地点位于大兴安岭北部根河林业局潮查林场境内的内蒙古大兴安岭森林生态系统国家野外科学观测研究站试验区内。面积 11000hm²，其中原始林区 3200hm²。该区地处大兴安岭西北坡根河上游，属于中山地带，整个试验区为一自然流域，是根河支流潮查河发源地之一，属额尔古纳河水系，入黑龙江。地理坐标 50°49′~50°51′N，121°30′~121°31′E，为典型寒温带北方林区。

4.2 自然条件

4.2.1 地质地貌

该区属新华夏构造带，它在古生代晚期被抬升为陆地，到中生带受燕山运动的强烈作用，伴有中性酸性岩浆的侵入和喷出（花岗岩、流纹岩、粗面岩较广，玄武岩较少）。燕山运动后，地壳处于相对稳定状态，长期在外力侵蚀作用下，致使山体浑圆，沟谷宽阔，造成夷平面清晰的地貌形态。

最高海拔高度为 1199m，最低海拔高度为 784m，平均海拔高度为 976.5m，属低山区。该区总的趋势东北高，西南低，东北西南走向的坡度在 3°~30° 之间，平均坡度在 15° 左右，沟系长且宽。

大兴安岭生态站

4.2.2　气候

大兴安岭林区属寒温带湿润季风气候区，大陆性气候，气候寒冷，具有冬季严寒而漫长、夏季短促湿热，无霜期短的特点。年平均气温为 −5.0℃，极限最高温度为 32℃，最低温度 −48℃；年日照时数为 2630.7 小时；年平均降水量为 400~500mm，主要集中在 6~8 月，降雪厚度 20~40cm；无霜期为 80~90 天，≥10℃ 的年有效积温为 1308.9℃；春秋两季风大，年平均风速为 1.9m/s。

4.2.3　土壤

地带性土壤为棕色针叶林土、灰色森林土、黑钙土，基岩以花岗岩与玄武岩为主；非地带性土壤有草甸土和沼泽土。棕色针叶林土主要分布在落叶松、白桦林下；灰色森林土分布在山杨、白桦林下；黑钙土主要分布在南坡荒地；草甸土分布在宜林荒山荒地；沼泽土主要分布在低山谷地及溪旁两岸。土层厚 5~40cm，土壤呈偏酸性，PH 值 5.2~6.5，腐殖质含量 3.3~10.3。该区境内连续多年冻土和岛状多年冻土交错分布，为大片连续多年冻土带南缘，冻层深度 3.0m，结冻期长达 8 个月。冻土厚度一般为 50~60m。多年冻土的水平和垂直方向基本是连续的，但由于坡向、植被、地下水等因素，也有很大变化。

原始林试验地

4.2.4　植物资源

该区植物区系共有 74 科 212 属 363 种。其中，苔藓植物 7 科 7 属 8 种；蕨类植物 9 科 9 属 13 种；

裸子植物 2 科 3 属 5 种；双子叶植物 45 科 156 属 274 种；单子叶植物 8 科 34 属 60 种。其中，植物种类最丰富的是蓼属、野豌豆属、蒿属等。在所有植物中，属于珍稀濒危植物的有 15 种。

地带性植被以兴安落叶松林 *Larix gmelinii* 为主，森林以兴安落叶松为建群种的寒温带针叶林，平均高 25～30 m，平均胸径 26～30cm，平均蓄积量 150～200m³/hm²。主要林型有：杜香 – 兴安落叶松林 *Ledum palustre* L. – *Larix gmelinii* forest、草类 – 兴安落叶松林 grass – *L. gmelinii* forest、杜鹃 – 兴安落叶松林 *Rhododendron dahuricum* DC. – *L. gmelinii* forest 等。伴生树种有：白桦 *Betula platyphylla* Suk.、山杨 *Populus davidiana* Dode. 等。林下常见植物有：杜香 *Ledum palustre* L.、杜鹃 *Rhododendron dahuricum* DC.、笃斯越橘 *Vaccinium uliginosum* L.、红花鹿蹄草 *Pyrola incarnate* Fisch.、舞鹤草 *Maianthemum bifolium*（L.）F. W. Schmidt、山黧豆 *Lathyrus quinquenervius*（Miq.）Litv. 等。

原始林实验区

第5章
过伐林生长特征

5.1　林木竞争

　　林分竞争状态与其径级分布范围和株数有关。径级分布范围反映了分化的存在与否，范围越宽，两极级别(1级和5级)存在的可能越大，则分化存在的可能性越高；而不同径级的株数分布则反映了分化的程度或强度，两极级别的株数越多则分化强度越大(冯林等，1989)。

　　林木个体大小和数量比例是林分结构的重要特征(金春德等，1997)，能反映出林分生长状况和林木间的竞争关系。随着林木的生长，林分逐渐郁闭，并且林木种内和种间竞争也变得剧烈，林木开始分化。林木分化是在一定营养与空间条件下，林木之间相互关系的表现，是森林适应环境条件、调节单位面积最多株数的自然现象。而林木分化导致分级木的形成。

　　林木分级方法：在每木检尺的基础上，按不同标准地林木生长状况，以 $d = r/R$ 的公式(r 为林木胸径，R 为林分平均胸径)，求出每株林木的 d 值，按分级木(丁宝永等，1980；George T，1983；冯林等，1989)(1~5级木)进行归类，统计各标准地分级木比例。分级标准：1级木，$d \geqslant 1.336$；2级木，$1.026 \leqslant d < 1.336$；3级木，$0.712 \leqslant d < 1.026$；4级木，0.383

$\leq d < 0.712$；5 级木，$d < 0.383$。

5.1.1 草类 – 落叶松林林木竞争

从总体来看，草类 – 落叶松林林分各级木比例大小与林分树种组成没有关系（图 5-1、图 5-2）。年龄 40 ~ 50 年草类 – 落叶松林，当林分密度小于 2000 株/hm² 时，2、3 级木比例高于其他分级木，且 5 级木比例较低（图 5-1）。随着林分密度增加，4、5 级木比例明显增加，当林分密度为 2359 株/hm² 时，4、5 级木比例达到最高，分别为 53.3%、23.3%。但密度为 3263 株/hm² 时，无 5 级木，其与立地条件有关系，林分坡向为半阴半阳坡，坡位为中坡（表 5-1），中坡林分立地条件远不如下坡林分好，林木生长速度缓慢，所以林木竞争不剧烈。

当林分年龄 51 ~ 60 年时，在不同密度的林分中，3、4 级木比例始终高于其他分级木（图 5-2）。随着林分密度增加，5 级木比例明显增加，当林分密度为 2045 株/hm² 时，5 级木比例最高，达 37.3%，在相同密度水平下，年龄 51 ~ 60 年的草类落叶松林竞争较年龄 40 ~ 50 年的林分强，主要是因年龄 51 ~ 60 年的林分立地条件较好（表 5-1、表 5-2），林木生长速度较快，竞争变强烈，并且随着林分年龄增加，林木竞争也加剧。

表 5-1　年龄 40 ~ 50 年不同立地条件的林分

样地号	林分年龄	密度（株/hm²）	更新密度（株/hm²）	树种组成	海拔（m）	坡度（°）	坡向	坡位	土壤厚（cm）	水平结构
18	41	983	118	9 落 1 桦	880	5	SW	下	16	均匀分布
24	42	1573	826	6 落 4 桦	850	5	SW	下	17	均匀分布
23	48	2359	1533	8 落 2 桦	950	60	E	下	18	聚集分布
12	40	3263	1533	7 落 3 桦	960	30	NW	中	17	聚集分布

表 5-2　年龄 51 ~ 60 年不同立地条件的林分

样地号	林分年龄	密度（株/hm²）	更新密度（株/hm²）	树种组成	海拔（m）	坡度（°）	坡向	坡位	土壤厚（cm）	水平结构
2	59	315	1101	7 落 3 桦	920	22	SW	中	17	聚集分布
5	58	1062	1140	8 落 2 桦	1005	25	NE	中	17	聚集分布
4	56	1533	1022	9 落 1 桦	980	20	SW	中	18	聚集分布
17	60	2045	1062	9 落 1 桦	1050	45	S	上	17	聚集分布
1	60	2792	2516	8 落 2 桦	900	10	NW	中	21	聚集分布

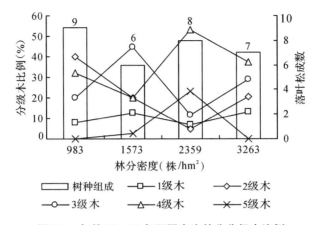

图 5-1 年龄 40~50 年不同密度林分分级木比例

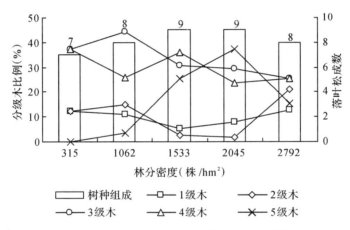

图 5-2 年龄 51~60 年不同密度林分分级木比例

5.1.2 杜香－落叶松林林木竞争

年龄 51~60 年的杜香－落叶松林，5 级木比例明显低于相同年龄的草类－落叶松林(图 5-3)。说明，大兴安岭地区草类－落叶松林林木竞争较杜香－落叶松林剧烈。从图 5-3 中看出，当林分密度 865 株/hm²、1691 株/hm²、2241 株/hm² 时，4、5 级木比例较高，林木竞争比较强，导致大量 4、5 级木出现。尤其当林分密度为 865 株/hm² 时，4、5 级木比例达到最高，分别为 54.6%、18.2%。此 3 块样地林分树种组成分别为 10 落、9 落 1 桦、10 落，且土壤厚度均达到了 19cm 以上(表 5-3)。林分纯林且林分土壤较厚，促进林木生长，林木竞争也自然就剧烈。

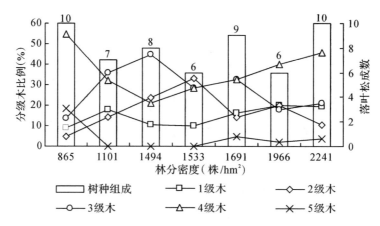

图 5-3　年龄 51~60 年不同密度林分分级木比例

表 5-3　年龄 51~60 年不同立地条件的林分

样地号	林分年龄	林分密度（株/hm²）	更新密度（株/hm²）	树种组成	海拔（m）	坡度（°）	坡向	坡位	土壤厚（cm）	水平结构
6	58	865	1376	10 落	990	25	NE	中	19	随机分布
11	58	1101	826	7 落 3 桦	910	25	NW	下	20	随机分布
7	60	1494	865	8 落 2 桦	1050	30	N	上	12	随机分布
8	56	1533	1927	6 落 4 桦	1060	30	SE	下	20	随机分布
9	59	1691	2359	9 落 1 桦	1030	30	NE	中	19	随机分布
22	54	1966	1062	6 落 4 桦	930	15	SW	下	7	随机分布
16	60	2241	79	10 落	900	15	NW	下	19	随机分布

5.2　分级木生长

将林木划分分级木（优势木、平均木和被压木）时，胸径和树高均可作为划分依据。因此，分别采取了胸径和树高两种参考指标，分析了分级生长特性。

5.2.1　胸径指标

兴安落叶松 *Larix gmelinii*（Rupr.）Rupr. 是大兴安岭森林建群种，内蒙古及东北地区重要更新和造林树种，也是嫩江流域和呼伦贝尔大草原的生态屏障，经营、保护好这片森林是一直在研究的课题。在全球气候变化条件下，对天然林森林群落动态以及生长变化特征的研究尤为重要。林木分化是分级木形成的原因，林木分级为定量疏伐选木的依据，是抚育采伐开始期和采伐强度的理论依据。国内外对林木分级的研究较多，其中，丁宝永、Mark R. Robert 等人应用静态马尔柯夫模型来研究分级木的相互转换（Mark R Robert，1985；丁宝永等，1986）。但主要集中在林木分化和抚育间伐的关系以及林木分级方法等方面（丁宝永等，1980；George T Fereell，1983；冯林等，1989；王立明等，1996），而对分级木相互转换生长特性的研究为空白。通过对兴安落叶松分级木间相互转换的生长特性以及与林分因子和立地因子的关系研究，为天然林封育、经营管理和抚育间伐提供理论依据是本书的主旨所在。

5.2.1.1 试验方法

（1）标准地设置：选择具有代表性的森林群落类型，按不同的林分因子和立地因子，设直径40m的圆形临时标准地，在其内设9个直径为6m的样圆，相邻样圆之间距离为4m，从中央向四个方向排列。共设置18块标准地。

（2）标准地调查：在标准地内每木调查，按各径阶株数比例，选择15%～20%的林木量测树高、冠幅、枝下高，调查记载标准地立地因子、林下植被、土壤等。在每木检尺的基础上，按不同标准地林木生长状况，每块标准地选择优势木、平均木、被压木各1株，进行树干解析，共54株。

（3）计算和处理：对每个标准地分级木（优势木、平均木、被压木）胸径、材积（各龄阶材积按区分求积法计算）、树高用 Excel 软件计算和处理，求出胸径、材积、树高总生长量、平均生长量和连年生长量。对比分析不同标准地分级木的转换方向、转换率（丁宝永等，1980；1986），以及与林分因子和立地因子的关系。

5.2.1.2 分级木生长特性

根据分级木（优势木、平均木、被压木）的胸径、树高生长过程，各级木互相转换方向有从优势木转换成平均木、被压木；平均木转换成优势木、被压木；被压木转换成平均木、优势木等6种。落叶松在不同年龄阶段有相互转换现象，且转换年龄和方向各不相同（表5-4）。在54株中转换有21株（表5-5），转换率38.9%，其中，平均木转换率最高，占50%（18株优势木、平均木和被压木中）。而优势木和被压木转换率均33.3%。从优势木转换成平均木和从平均木转换成被压木的转换率均27.8%（表5-5），如转换方向相反则转换率均22.2%；从优势木到被压木和从被压木到优势木的转换率分别5.6%和11.1%。说明，分级木转换方向是从上一级到下一级的转换率为高，相反则低，而优势木转换成被压木和被压木转换成优势木的转换率最小。无转换的有33株。

表5-4　分级木转换年龄与过程

标准地号	原分级木	转换方向	转换年龄段(年)	现分级木
1	优势木	优－被	≤14；≥14	被压木
	被压木	被－平－优	≤14；14~23；≥23	优势木
2	平均木	平－被	≤19；≥19	被压木
	被压木	被－平	≤19；≥19	平均木
3	平均木	平－被	≤29；≥29	被压木
	被压木	被－平－优－平	≤29；29~47；47~52；≥52	平均木
4	平均木	平－优－平	≤22；22~43；≥43	平均木
	优势木	优－平－优	≤22；22~43；≥43	优势木
5	优势木	优－平	≤26；≥26	平均木
	平均木	平－优	≤26；≥26	优势木
9	优势木	优－平－优	≤39；39~43；≥44	优势木
	被压木	被－平－优－平	≤24；24~39；39~44；≥44	平均木
	平均木	平－被	≤24；≥24	被压木
10	平均木	平－被	≤24；≥24	被压木
	被压木	被－平	≤24；≥24	平均木
12	优势木	优－平	≤9；≥9	平均木
	平均木	平－优	≤9；≥9	优势木
13	平均木	平－优	≤39；≥39	优势木
	优势木	优－平	≤39；≥39	平均木
15	优势木	优－平	≤51；≥51	平均木
	平均木	平－被	≤24；≥24	被压木
	被压木	被－平－优	≤24；24~51；≥51	优势木
16	优势木	优－平	≤54；≥54	平均木
	平均木	平－优	≤54；≥54	优势木

表5-5　分级木相互转换统计

原分级木	数量(株)	比例(%)	现分级木	数量(株)	转换率(%)
优势木	6	33.3	平均木	5	27.8
			被压木	1	5.6
平均木	9	50.0	优势木	4	22.2
			被压木	5	27.8
被压木	6	33.3	平均木	4	22.2
			优势木	2	11.1

5.2.1.3　林型与分级木生长

在18块标准地中，草类－落叶松 grass－*L. gmelinii* forest 和杜香－落叶松林型各7块（表5-6），杜鹃－落叶松和柴桦－落叶松林型 *Betula fruticosa* Pall. － *L. gmelinii forest* 各2块。按标准地数统计，在7块草类－落叶松中，转换的有4块，占57.1%；同理，杜香－落叶松的占42.9%；杜鹃－落叶松的占50%；柴桦－落叶松的占100%。图5-4说明，不同林型的分级木转换率和转换方向有较大区别。按分级木的转换数和方向统计，草类－落叶松林转换为8株，在18株优势木、平均木和被压木中，转换成优势木、平均木、被压木的比例分别为11.1%、16.7%、16.7%；同理，杜香－落叶松为7株，比例分别为11.1%、16.7%、11.1%；杜鹃－落叶松为2株，比例分别为0、5.6%、5.6%；柴桦－落叶松为4株，比例分别为11.1%、11.1%、0。

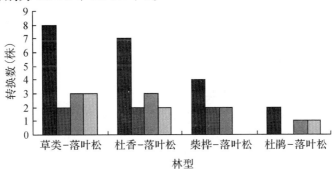

图5-4 不同林型分级木转换

表5-6 分级木转换影响因子

标准地号	林型	林龄（年）	平均胸径（cm）	平均树高（m）	密度（株/hm²）	树种组成	地形				土壤厚度（cm）
							海拔（m）	坡度（°）	坡向	坡位	
1	草类－落叶松	65	8.2	7.8	2792	8落1桦1杨	900	10	S	下	21.0
2	杜鹃－落叶松	59	10.9	10.1	708	8落2桦	1000	25	S	中	17.5
3	草类－落叶松	56	12.5	9.4	1533	9落1桦	980	20	S	中	18.0
4	草类－落叶松	58	9.3	9.2	1062	8落2桦	1005	25	S	中	17.0
5	杜香－落叶松	58	15.9	8.9	865	10落	990	25	N	中	19.0
6	杜香－落叶松	63	8.7	8.1	1494	8落2桦	1050	30	N	上	13.5
7	杜香－落叶松	56	10.8	9.0	1533	6落4桦	1060	30	N	中	16.0
8	杜香－落叶松	62	12.9	9.8	1691	9落1桦	1030	30	N	中	15.0
9	草类－落叶松	51	7.7	7.7	3106	6落4桦	890	—	—	—	21.0

（续）

标准地号	林型	林龄（年）	平均胸径(cm)	平均树高(m)	密度(株/hm²)	树种组成	地形				土壤厚度(cm)
							海拔(m)	坡度(°)	坡向	坡位	
10	杜香－落叶松	58	10.0	10.4	1101	7落3桦	910	25	NW	下	20.0
11	草类－落叶松	36	6.1	6.8	3263	7落3桦+杨	960	30	NW	中	17.0
12	柴桦－落叶松	36	8.9	8.0	2398	10落+桦	900	—	—	—	6.0
13	柴桦－落叶松	39	10.5	10.1	1533	9落1桦	1000	20	W	下	4.5
14	杜鹃－落叶松	56	9.2	9.0	1258	6桦4落	1050	45	W	中	16.5
15	杜香－落叶松	60	9.2	11.8	2241	10落	900	15	NW	下	19.0
16	草类－落叶松	61	12.8	9.7	2045	9落1桦－杨	1050	45	S	上	17.0
17	草类－落叶松	39	13.6	12.4	983	9落1桦	880	5	SW	下	16.0
18	杜香－落叶松	54	7.4	9.3	1966	6落4桦	930	15	SW	下	7.0

5.2.1.4 林龄与分级木生长

图5-5中说明了不同年龄阶段的林分分级木转换率有较大差异。随着林分年龄增加，其分级木转换率有逐渐增大趋势。当林分年龄60~69年时，其分级木转换率最高，达46.67%。当林分30~39年时，林分分级木转换株数为0。这可能在一定年龄范围内，随着林分年龄增大，种内竞争（Mark R Robert, 1985；丁宝永等，1986）、种间竞争变得剧烈，促使分级木形成和相互转换。不同年龄阶段的林木均以优势木－平均木、平均木－优势木、平均木－平均木的转化率最高（表5-7）；优势木－被压木、平均木－被压木的转换率较低；被压木－优势木的转换率为0。

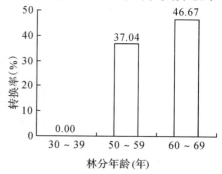

图5-5 不同年龄林分分级木转换

表5-7 不同年龄林分分级木转换

林分年龄（50~59年）					林分年龄（60~69年）				
原分级木	株数	现分级木	株数	转换比例	原分级木	株数	现分级木	株数	转换比例
优势木	3	平均木	3	100%	优势木	3	被压木	1	33.3%
平均木	5	优势木	3	60%			平均木	2	66.7%
		被压木	2	40%	平均木	3	优势木	3	100%
被压木	2	平均木	2	100%	被压木	1	平均木	1	100%

5.2.1.5 密度与分级木生长

林分密度对林木直径和高生长起重要作用，是分级木形成和比例的重要影响因子，密度越大，林木的分化愈强烈，林木分化导致分级木的形成(内蒙古森林编辑委员会，1989；王立明等，1996；徐化成，1998)。密度不同，分级木的转换方向和转换成各分级木的比例不同(表5-6)。林分密度相差不大或相同的条件下，生长在不同立地条件下的落叶松具有相似的生长过程，如标准地12和16(表5-6，图5-6)。处于相同立地条件下的落叶松由于林分密度相差太大，其生长过程差异也较大(徐化成，1998)，如标准地3和4。落叶松林分密度相同，但立地条件不同，其生长过程差异也较大，如标准地3和13。随着林分密度的增加，分级木相互转换的数量有增多的趋势(图5-6)。

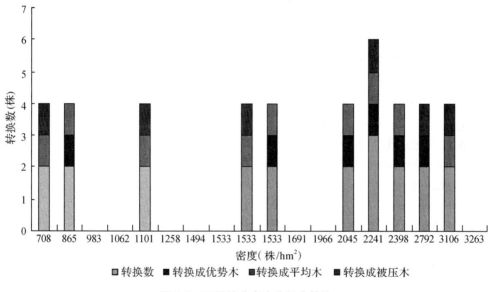

图5-6 不同林分密度分级木转换

5.2.1.6 树种组成与分级木生长

树种组成不同，其分级木转换方向和转换率也不同，差异性较大(表5-6)。图5-7显示，落叶松比例越大，其分级木转换成平均木和优势木的比例也就越大。林分中落叶松比例大，种内竞争(丁宝永等，1980；1986)就变为激烈，促使分级木形成和互相转换。随着林分树种组成中落叶松比例增加，出现分级木互相转换现象更为普遍(图5-7)。

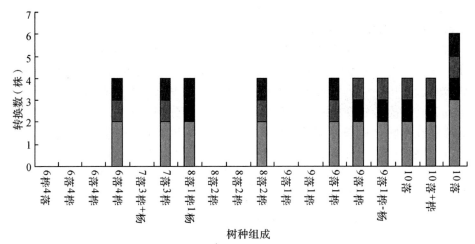

图 5-7　不同树种组成分级木转换

5.2.1.7　林木格局与分级木生长

不同水平格局的林分分级木转换方向和转换率明显不同（图 5-8、表 5-8）。

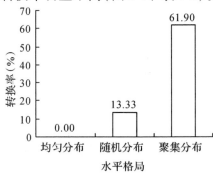

图 5-8　不同水平格局分级木转换

当林分水平格局为聚集分布时，其转换率最高，达 61.90%；随机分布时次之；均匀分布时，无转换。转换的分级木中，平均木转换率最高；被压木转换率最低。其转换过程以优势木 – 平均木、平均木 – 优势木、被压木 – 平均木的转换率较高；优势木 – 被压木、平均木 – 被压木的转换率相对低（表 5-9），被压木 – 优势木的转换率为 0。当种群空间格局为随机分布时，被压木无转换。

表 5-8　不同水平格局林分分级木转换率

水平格局	随机分布	聚集分布	均匀分布	合计
株数	30	21	3	54
转换株数	4	13	0	17
转换率（%）	13.33	61.90	0	31.5

表5-9 不同水平格局林分分级木转换过程

聚集分布					随机分布				
原分级木	株数	现分级木	株数	转换比例	原分级木	株数	现分级木	株数	转换比例
优势木	4	平均木	3	75.0%	优势木	2	平均木	2	100.0%
		被压木	1	25.0%	平均木	2	优势木	2	100.0%
平均木	6	优势木	4	66.7%	—	—	—	—	—
		被压木	2	33.3%	—	—	—	—	—
被压木	3	平均木	3	100.0%	—	—	—	—	—

5.2.1.8 立地条件与分级木生长

立地条件好，林木生长越旺盛，其之间的竞争越激烈，林分分化现象也越强烈（内蒙古森林编辑委员会，1989；徐化成，1998），分级木数和分级木间的相互转换率也就越高。表5-6 显示，有分级木转换现象的主要集中在海拔低于1000m、坡度小于25°、坡向为阳坡、坡位为中下、土壤厚度大于17cm的林分中（图5-9、图5-10）。

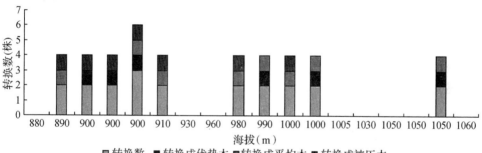

图 5-9 不同海拔分级木转换

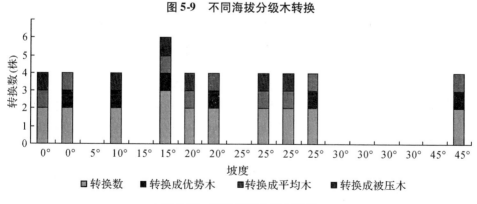

图 5-10 不同坡度分级木转换

5.2.1.9 小结

通过设置样地，做树干解析，阐明了兴安落叶松天然林分级木的(优势木、平均木、被压木)生长特性，并分析了分级木生长特性与林分因子和立地因子的关系。

(1)兴安落叶松天然林分级木在不同年龄阶段有转换现象，但转换年龄和方向各不相同。兴安落叶松分级木转换率为38.9%，其中，平均木转换率占50%，优势木和被压木转换率均为33.3%。分级木从优势木到平均木和从平均木到被压木的转换率最高，相反方向则低，优势木转换成被压木和被压木转换成优势木的转换率为最低。

(2)不同林型间分级木转换数和方向有较大区别，按标准地转换数统计，草类-落叶松林型转换率为57.1%；杜香-落叶松林型转换率为42.9%；杜鹃-落叶松林型转换率为50%；柴桦-落叶松林型转换率为100%。

(3)随着林分密度增加，分级木相互转换的数量有增多趋势。

(4)随着林分树种组成中落叶松比例增加，出现分级木相互转换现象更为普遍。落叶松比例越大，其分级木转换成平均木和优势木的比例也越大。

(5)有分级木转换现象的主要集中在海拔低于1000m、坡度小于25°、坡向为阳坡、坡位为中下、土壤厚度大于17cm的林分中。

(6)由于平均木的转换率高，非常活跃且不稳定，因此，在林木培育中应着重考虑它的重要地位和特殊性；在18株被压木中，无转换的有12株，占66.7%，在兴安落叶松天然林经营和抚育采伐中应考虑伐除这些被压木，为林木生长发育创造更好的营养空间。

5.2.2 胸径-树高指标

兴安落叶松 *Larix gmelinii* Rupr. 是大兴安岭森林建群种，内蒙古及东北地区重要更新和造林树种，也是嫩江流域和呼伦贝尔大草原的生态屏障，经营、保护好这片森林是一直研究的课题。在全球气候变化条件下，对天然森林群落动态以及生长变化特征的研究尤为重要。林木分化是分级木形成的原因，林木分级为定量疏伐选木的依据，是抚育采伐开始期和采伐强度的理论依据。国内外对林木分级的研究较多，其中，丁宝永、Mark R Robert 等人应用静态马尔柯夫模型来研究分级木的相互转换(Mark R Robert，1985；丁宝永等，1986)，但主要集中在林木分化和抚育间伐的关系以及林木分级方法等方面(丁宝永等，1980；George T Fereell，1983；冯林等，1989；王立明等，1996)，而对不同林分结构分级木相互转换特征的研究甚少。通过对大兴安岭兴安落叶松天然林分级木相互转换特征以及与林分结构和立地因子关系研究，为天然林封育、经营管理、抚育间伐以及人工林密度管理提供理论依据。

5.2.2.1 试验方法

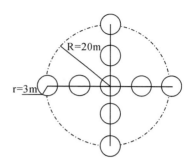

图 5-11　标准地样圆布置图

选择具有代表性的森林群落类型，在同龄（内蒙古森林编辑委员会，1989；徐化成，1998；孙玉军等，2007；孟宪宇，2004）兴安落叶松天然林中，按不同的林分因子和立地因子，设直径 40m 的无边形标准地，在其内设 9 个直径为 6m 的样圆，相邻样圆之间距离为 4m，从中央向四个方向排列（图 5-11）。共设置 17 块标准地（表 5-10）。在标准地内进行每木调查，量测树高、胸径、冠幅、枝下高，调查记载标准地立地因子、林下植被、土壤等。在每木检尺的基础上，按不同标准地林木生长状况，每块标准地选择优势木、平均木、被压木各 1 株，共 51 株，进行树干解析（孟宪宇，2004）。标准地优势木、平均木、被压木的选择，采取定性和定量相结合的方法。根据每木检尺的数据，用公式 $d = r/R$（d：林木相对直径；r：林木胸径；R：林分平均胸径），求出每株林木相对直径（d），按以下标准进行选择：

优势木：生长良好，无病虫害，树冠最大且占据林冠上层，在标准地内同龄级林木中，胸径和树高最大，$d \geqslant 1.02$。

平均木：生长尚好，无病虫害，树冠较窄，胸径和树高较优势木差，位于林冠中层，树干圆满度较优势木大，在标准地内同龄级林木中，胸径和树高与林分平均高和平均胸径最接近，$0.70 \leqslant d < 1.02$。

被压木：生长不良，无病虫害，树高和胸径生长均落后，树冠受挤压严重，处于明显被压状态，$0.35 \leqslant d < 0.70$。

对每个标准地分级木（优势木、平均木、被压木）胸径、树高用 Excel 软件计算和处理，求出胸径、树高总生长量。对比分析不同标准地分级木的转换方向、转换率以及与林分结构和立地因子的关系。目前，兴安落叶松天然林"分级木转换"概念为空白，而对兴安落叶松人工林，以"林木竞争状态转移"（丁宝永等，1980；1986）来描述分级木相互转换。天然林较人工林具有复杂性和多变性，突出表现在年龄结构上，天然林即便是同龄林，也是相对，对兴安落叶松天然林，年龄相差在一个龄级内（20 年）（内蒙古森林编辑委员会，1989；徐化成，1998；孙玉军等，2007）可视为同龄林。

关于分级木转换的定义，在同立地条件下，由于遗传因子、微生境和竞争影响，使同龄级分级木生长量具明显差异，导致总生长量曲线出现交叉现象，分级等级也随之发生变化，是林木竞争和分级等级的动态变化过程。即从原分级木

表 5-10　标准地概况

| 标准地号 | 林型 | 林分年龄（年） | 平均胸径（cm） | 林分平均高（m） | 密度（株/hm²） | 树种组成 | 地形 | | | | 土壤厚度（cm） |
							海拔（m）	坡度（°）	坡向	坡位	
1	草类－落叶松	65	8.2	7.8	2792	8 落 1 桦 1 杨	900	10	S	下	21.0
2	杜鹃－落叶松	59	10.9	10.1	708	8 落 2 桦	1000	25	S	中	17.5
3	草类－落叶松	58	9.3	9.2	1062	8 落 2 桦	1005	25	S	中	17.0
4	杜香－落叶松	58	15.9	8.9	865	10 落	990	25	N	中	19.0
5	杜香－落叶松	63	8.7	8.1	1494	8 落 2 桦	1050	30	N	上	13.5
6	杜香－落叶松	56	10.8	9.0	1533	6 落 4 桦	1060	30	N	中	16.0
7	杜香－落叶松	62	12.9	9.8	1691	9 落 1 桦	1030	30	N	中	15.0
8	草类－落叶松	51	7.7	7.7	3106	6 落 4 桦	890	—	—	—	21.0
9	杜香－落叶松	58	10.0	10.4	1101	7 落 3 桦	910	25	NW	下	20.0
10	草类－落叶松	36	6.1	6.8	3263	7 落 3 桦 + 杨	960	30	NW	中	17.0
11	柴桦－落叶松	36	8.9	8.0	2398	10 落 + 桦	900	—	—	—	6.0
12	柴桦－落叶松	39	10.5	10.1	1533	9 落 1 桦	1000	20	W	下	4.5
13	杜鹃－落叶松	56	9.2	9.0	1258	6 桦 4 落	1050	45	W	中	16.5
14	杜香－落叶松	60	9.2	11.8	2241	10 落	900	15	NW	下	19.0
15	草类－落叶松	61	12.8	9.7	2045	9 落 1 桦 – 杨	1050	45	S	上	17.0
16	草类－落叶松	39	13.6	12.4	983	9 落 1 桦	880	5	SW	下	16.0
17	杜香－落叶松	54	7.4	9.3	1966	6 落 4 桦	930	15	SW	下	7.0

草类－落叶松 grass-*L. gmelinii* forest；柴桦－落叶松 *Betula fruticosa* Pall. -*L. gmelinii* forest。

（现分级木经树干解析，根据胸径和树高总生长量，在转换前所划分的等级）转换成现分级木（经每木调查，根据胸径和树高，将林木划分的等级）的过程。

5.2.2.2　分级木转换特征

根据分级木胸径和树高生长（总生长量）过程，各级木互相转换方向有 5 种类型，以下以样地 14（图 5-12、图 5-13）和样地 1（图 5-14、图 5-15）举例说明：从优势木转换成平均木（图 5-12、图 5-13）和被压木（图 5-14、图 5-15）；平均木转换成优势木（图 5-12、图 5-13、图 5-14、图 5-15）和被压木；被压木转换成平均木（图 5-14、图 5-15）等。兴安落叶松天然林分级木在不同年龄阶段有相互转换现象，且转换年龄和方向各不相同，在 17 块样地中，转换有 7 块（表 5-11）。在 51 株中转换有 15 株（表 5-12），转换率 29.4%，无转换有 36 株。按分级木统计，平均木转换率最高（表 5-12），达 41.2%；优势木转换率 35.3%；被压木转换率最低，仅 11.8%。在转换的分级木中按转换方向统计，优势木和平均木相互转换比例较高，分别 83.3% 和 85.7%；优势木向被压木转换比例仅 16.7%；被压木不能转换成优势木，有转换则只能转换成平均木（表 5-12），分级木一旦成为被压木就形成吸收壁，难以逆转，与丁宝永等（1986）研究相符。

表 5-11 分级木转换年龄与过程

标准地号	原分级木	转换方向	转换年龄（年）	现分级木
1	优势木	优－平－被	20；23	被压木
	平均木	平－优	19	优势木
	被压木	被－平	19	平均木
2	优势木	优－平	35	平均木
	平均木	平－优	38	优势木
3	优势木	优－平	46	平均木
	平均木	平－优	43	优势木
8	平均木	平－被	35	被压木
	被压木	被－平	31	平均木
13	优势木	优－平	31	平均木
	平均木	平－优	26	优势木
14	优势木	优－平	51	平均木
	平均木	平－优	50	优势木
15	优势木	优－平	56	平均木
	平均木	平－优	54	优势木

表 5-12 分级木相互转换统计

原分级木	株数（株）	转换数（株）	转换率（%）	现分级木	株数（株）	比例（%）
优势木	17	6	35.3	平均木	5	83.3
				被压木	1	16.7
平均木	17	7	41.2	优势木	6	85.7
				被压木	1	14.3
被压木	17	2	11.8	平均木	2	100.0
				优势木	0	0.0
总计	51	15	29.4	—	15	—

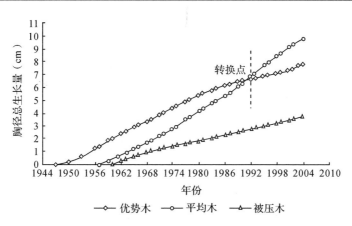

图 5-12 优势木转平均木、平均木转优势木的过程

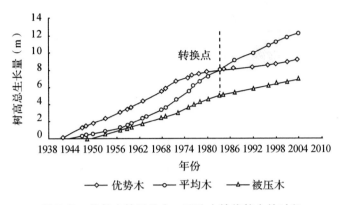

图 5-13　优势木转平均木、平均木转优势木的过程

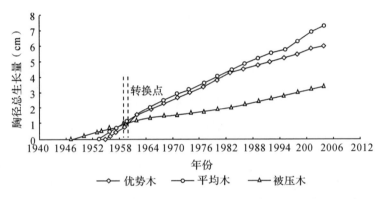

图 5-14　优势木转被压木、平均木转优势木、被压木转平均木的过程

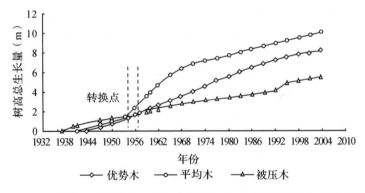

图 5-15　优势木转被压木、平均木转优势木、被压木转平均木的过程

5.2.2.3　不同年龄分级木转换

把 17 块标准地林分年龄分 3 个阶段（30～39 年；50～59 年；60～69 年）。不同年龄林分分级木转换率具较大差异，随着林分年龄增加，其分级木转换率呈

增加趋势(图 5-16)。林分年龄 60~69 年标准地有 5 块(15 株解析木),转换有 7 株,转换率最高,达 46.7%(图 5-16);年龄 50~59 年林分转换率为 33.3%;30~39 年林分无转换。说明,随着林分年龄增加,种内(丁宝永等,1980;1986)和种间竞争加剧,促进林木分化,促使分级木形成和相互转换。

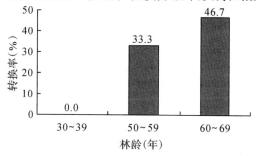

图 5-16 不同年龄林分分级木转换率

表 5-13 不同密度的林分分级木转换

密度水平 (株/hm²)	原分 级木	株数 (株)	现分 级木	株数 (株)	转换比 例(%)	密度水平 (株/hm²)	原分 级木	株数 (株)	现分 级木	株数 (株)	转换比 例(%)
500~1000	优势木	1	平均木	1	100	1000~1500	优势木	2	平均木	2	100
	平均木	1	优势木	1	100		平均木	2	优势木	2	100
1500~2000	—	0	—	0	0	2000~2500	优势木	2	平均木	2	100
	—	0	—	0	0		平均木	2	优势木	2	100
2500~3000	优势木	1	被压木	1	100	3000~3500	平均木	1	被压木	1	100
	平均木	1	优势木	1	100		被压木	1	平均木	1	100
	被压木	1	平均木	1	100		—	—	—	—	—

5.2.2.4 不同密度分级木转换

林分密度对林木直径生长起重要作用,是林分中分级木形成和比例变化的重要影响因子。密度越大,林分分化愈强烈,林分分化导致分级木的形成(内蒙古森林编辑委员会,1989;王立明等,1996;徐化成,1998)。为更准确说明,把 17 块标准地林分密度划分成 6 个密度水平(图 5-17)。林分密度不同,转换的分级木和转换方向不同(表 5-13)。林分密度相差不大或相同条件下,生长在不同立地条件下的落叶松具有相同的转换过程(表 5-13),如标准地 3、13。当林分密度小于 2500 株/hm² 时,主要为优势木与平均木之间的转换。当林分密度大于 2500 株/hm² 时,才出现其他分级木与被压木相互转换现象(表 5-13)。随着林分密度增加,分级木转换率呈增高趋势,当林分密度为 2000~3000 株/hm² 时,分级木转换率达最高(图5-17)。

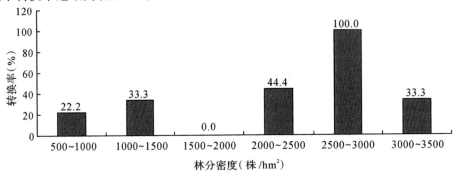

图5-17　不同密度的林分分级木转换率

5.2.2.5　不同林型分级木转换

在17块标准地中，草类 – 落叶松林型 grass-*L. gmelinii* forest 6 块，杜香 – 落叶松林型7块(表5-10)，杜鹃 – 落叶松和柴桦 – 落叶松林型 *Betula fruticosa* Pall. - *L. gmelinii* forest 各2块。按标准地数统计，6块草类 – 落叶松中，转换的有4块，占66.7%；同理，杜香 – 落叶松14.3%，杜鹃 – 落叶松100%，柴桦 – 落叶松无转换现象。不同林型分级木转换率(图5-18)和转换方向(表5-10、表5-11)明显不同。按分级木转换数统计，草类 – 落叶松林18株中，转换的有9株，转换率50%；同理，杜香 – 落叶松转换率9.5%，杜鹃 – 落叶松转换率66.7%，柴桦 – 落叶松无转换。

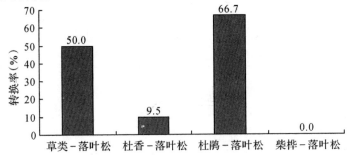

图5-18　不同林型分级木转换率

5.2.2.6　不同树种组成分级木转换

树种组成不同，其分级木转换率不尽相同(表5-10、表5-11，图5-19)。图5-19显示，当林分树种组成4落6阔和8落2阔时，林分分级木转换率较高，分别达66.7%和58.3%。树种组成7落3阔时，分级木无转换。不同树种组成的林分分级木转换可能与林分密度有关系(表5-10)。相同树种组成，不同密度的林分当中，分级木转换主要集中在密度较高的林分，如树种组成 6 落 4 阔的标准地（表5-10）。相同树种组成的林分分级木转换，除了林分密度外，还要受立地条件的制约，如树种组成 9 落 1 阔和 6 落 4 阔的标准地（表5-10）。标准地 1、2、3 和 5，树种组成均为 8 落 2 阔（表5-10、表5-11），但在低海拔、土壤较厚、坡度较小、阳坡中下坡位的林分才出现转换现象。立地条件好，林木生长越旺盛，竞争越激烈，林分分化现象也越强烈（内蒙古森林编辑委员会，1989；徐化成，1998），分级木相互转换率也就越高。

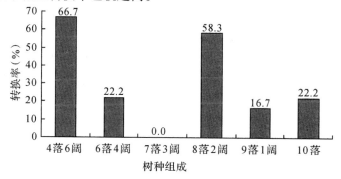

图 5-19　不同树种组成的林分分级木转换率

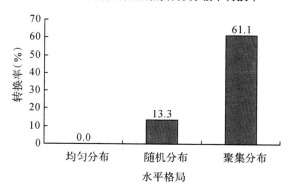

图 5-20　不同水平格局林分分级木转换率

5.2.2.7　不同水平格局分级木转换

种群的空间格局是植物种群结构的基本特征之一（Fueldner K，1995；徐化成，1998；惠刚盈等，1999；2004；张群等，2004；）。空间分布格局是研究种群空间行为的基础，是种群生物学特征，种内与种间关系以及环境条件综合作用的结果，也是种群空间属性的重要方面。任何种群都是在空间不同位置分布的，但由于种群内个体间的相互作用及种群对环境的适应，使得同一种群在不同环境条件下呈现出不同的空间分布格局。根据其聚集系数（λ）大小，可将兴安落叶松天然林水平格局分为均匀分布($0 \leqslant \lambda < 0.5$)、随机分布($0.5 \leqslant \lambda < 1.5$)和聚集分布($\lambda \geqslant 1.5$)3种类型。不同水平格局对分级木转换有影响(图5-20)。当聚集分布时转换率最高,达61.1%;随机分布次之,达13.3%;当均匀分布时,无转换。

5.2.2.8 小结

本节以大兴安岭兴安落叶松天然林为对象,在不同林型、不同密度林分中设置标准地,通过调查样地,做树干解析,分析了不同结构兴安落叶松天然林分级木(优势木、平均木和被压木)生长过程及转换特征,具有重要意义。

(1)兴安落叶松天然林分级木在不同年龄阶段有转换现象,且不同结构的兴安落叶松天然林分级木转换年龄、方向和转换率均不同。兴安落叶松分级木转换率29.4%。按分级木统计,平均木转换率最高,达41.2%;优势木转换率35.3%。被压木转换率最低,仅11.8%。在转换的分级木中按转换方向统计,优势木和平均木相互转换比例较高,优势木转平均木占83.3%,平均木转优势木占85.7%;优势木向被压木转换比例仅为16.7%。被压木不能转换成优势木,有转换则全转换成平均木,被压木中无转换占88.2%,在兴安落叶松天然林经营和抚育采伐中应考虑伐除这些被压木。

(2)林分年龄在36~65年范围内,随着林分年龄增加,其分级木转换率呈增加趋势。当林分年龄60~69年时,转换率最高,达46.7%;年龄50~59年时,转换率33.3%;年龄30~39年时,无转换。

(3)林分密度在708~3263株/hm²范围内,随着林分密度增加,分级木转换率呈增高趋势,当林分密度2000~3000株/hm²时,分级木转换率最高。当林分密度小于2500株/hm²时,主要为优势木与平均木之间的转换。当林分密度大于2500株/hm²时,才出现其他分级木与被压木相互转换现象。

(4)不同林型分级木转换率和转换方向明显不同。按标准地数统计,草类-落叶松林中,转换的占66.7%;同理,杜香-落叶松14.3%,杜鹃-落叶松100%,柴桦-落叶松无转换现象。按分级木转换率统计,草类-落叶松林转换率50%,杜香-落叶松转换率9.5%,杜鹃-落叶松转换率66.7%,柴桦-落叶松无转换。由于杜鹃-落叶松和柴桦-落叶松两种林型样地数量较少,因此,该两类林型分级木转换率需要进一步探讨。

(5)不同树种组成的林分分级木转换率无明显规律,主要受密度和立地条件的制约。

(6)不同水平格局的林分分级木转换率不同。聚集分布、随机分布和均匀分布时,其转换率分别为61.1%,13.3%,无转换。在所设置的样地中,属均匀分布格局的样地数少,其所得转换率结果有待于进一步论证和深入研究。

5.3 单木高生长模型

建立树高生长模型对编制树木生长过程表、地位级表和立地指数表以及指导林业生产有重要的意义。常见的树高生长模型有：双曲线型、伯塔兰菲（Bertalanffy）、单分子（Mitscherlich）、查曼－理查兹（Chapman-Richards）、坎派兹（Gompertz）、逻辑斯蒂（Logistic）、考尔夫（Korf）和斯洛波达（Sloboda）等（Sloboda B，1971；惠刚盈等，1996；克劳斯·冯佳多等，1998；王丽梅等，2004）。目前国内研究以人工林（蒋建屏等，1991；惠刚盈等，1996；2010；邓红兵等，1999；王丽梅等，2004；刘平等，2008；2010；张俊等，2008）为主，且集中于优势木高生长模型（惠刚盈等，1996；2010；罗辑等，2000；刘平等，2008）的研究。但最终选定的高生长最优模型类型，根据树种、单木还是林分、是否使用优势高数据、是否引入立地指数变量等情况有所不同。其中，四参数的 Richards 方程和 Logistic 方程对高生长具备较好理论和实用效果得到了广泛应用（葛剑平等，1992；邓红兵等，1999；罗辑等，2000；刘平等，2008），尽管 Sloboda 模型也具有它的优越性，但主要用于多形地位指数曲线研究（惠刚盈等，1996；王丽梅等，2004）。罗辑等（2000）运用 Logistic 模型探讨了暗针叶林不同林型的优势木生长动态。邓红兵等（1999）用双曲线型、Logistic、Richards 等拟合了红松（*Pinus koraiensi*）单木高生长模型，其中四参数的 Richards 方程拟合效果最好。葛剑平等（1992）用 4 种模型研究天然红松林生长后认为，Logistic 模型对连年生长数据的拟合较其他模型更为适宜。刘平等（2008）用 6 种理论生长方程拟合了油松 *Pinus tabulaeformis* Carr. 人工林单木树高生长模型，其中精度最优的预测方程为 Logistic 式。兴安落叶松 *Larix gmelinii*（Rupr.）Rupr. 天然林更新演替较好，林分中往往存在多代林，因此深入研究不同分级木的高生长规律，拟合出实用的单木高生长模型具有重要意义。本书以兴安落叶松 36～65 年幼中龄天然林为研究对象，采用四参数的 Richards 方程和 Logistic 方程，拟合优势木、平均木和被压木等不同分级木高生长模型，旨在为其林分演替规律研究、抚育经营提供理论依据。

5.3.1 试验方法

设置 13 块典型样地（表 5-14），其设置方法详见文献（玉宝等，2010）。样地每木检尺，从中选出优势木、平均木和被压木（玉宝等，2010），共 31 株进行树干解析，分析分级木树高总生长量。在选被压木时，胸径和树高指标以外还考虑了年龄上与优势木和平均木相近或属于同一龄级，与其他更新幼树区别开来。根据解析木各龄阶（3 年为一个龄阶）的树高总生长量及其对应的龄阶，应用 SPSS

17.0 拟合 Logistic 和四参数 Richards 单木树高生长模型。拟合模型后，将预留的 3 株未参加建模的优势木年龄代入方程中，求出理论高生长量，并对树高实测值与理论值进行 T 检验。本年为避免立地条件等影响模型精度，模型数据选自不同林龄、林型、坡向、坡位的综合数据，拟合出了综合的高生长模型。

表 5-14　样地基本概况

样地	林分年龄（年）	平均胸径（cm）	平均树高（m）	林分密度（株/hm²）
1	58	10.0	10.4	1101
2	36	6.1	6.8	3263
3	36	8.9	8.0	2398
4	39	10.5	10.1	1533
5	56	9.2	9.0	1258
6	60	9.2	11.8	2241
7	61	12.8	9.7	2045
8	39	13.6	12.4	983
9	43	7.9	6.4	1180
10	54	7.4	9.3	1966
11	48	10.1	8.7	2359
12	42	10.0	10.1	1573
13	65	8.2	11.7	1927

5.3.2　枝下高生长模型

将林木年龄(A)、胸径(D)、树高(H)、活枝下高(h_1)、死枝下高(h_2)等因子进行相关性分析。其中，A 与其他因子无显著相关，这主要是样本数量较少的缘故；D、H、h_1、h_2 等 4 因子相互有显著正相关。除了 D 与 h_2 在 0.05 水平上显著外，其他均在 0.01 水平上显著(表 5-15)。死枝下高代表自然整枝好与差的因素之一，随着树高增长死枝下高也逐渐增长。分别拟合了以 D、H、h_2 等作为自变量的枝下高的生长模型。模型表现为指数和线性回归模型，除了模型 5 在 0.05 水平上显著外，其他模型均在 0.01 水平上显著，模型有效(表 5-16)。

表 5-15　相关性分析结果

因子	项目	年龄	胸径	树高	活枝下高
胸径	R^2	0.175	1		
	显著水平	0.346			

（续）

因子	项目	年龄	胸径	树高	活枝下高
树高	R^2	0.323	0.911**	1	
	显著水平	0.077	0.000		
活枝下高	R^2	0.318	0.543**	0.696**	1
	显著水平	0.081	0.002	0.000	
死枝下高	R^2	0.326	0.495*	0.702**	0.849**
	显著水平	0.160	0.026	0.001	0.000

注：*、**表示分别在0.05、0.01水平上显著。

表5-16　模型拟合结果

编号	模型	R^2	自由度	显著水平
1	$h_1 = 1.48062e^{0.09192D}$	0.308	30	0.001
2	$h_1 = 0.74445e^{0.14594H}$	0.510	30	0.000
3	$h_1 = 0.90252h_2 + 1.12596$	0.721	19	0.000
4	$h_2 = 0.31289D - 0.14556$	0.245	19	0.026
5	$h_2 = 0.52113H - 2.72509$	0.492	19	0.001

5.3.3　树高生长模型

Logistic 方程和四个参数的 Richards 单木树高生长模型形式分别为：

$$H = K/(1 + e^{a-bA}),\ H = K(1 - ae^{-bA})^c$$

式中：H 为树高总生长量（m），K 为树高生长最大值（m），A 为林木年龄（龄阶），a、b、c 为待定参数，b 为生长速率。

模型均在 0.01 水平上显著（表 5-17）。从相关指数（R^2）来看，Logistic 方程的拟合效果较 Richards 方程好（表 5-17）。优势木和被压木的拟合效果较平均木好，在两种方程中都有相同的现象，这可能与平均木生长活跃、不够稳定、容易转换成优势木或被压木有关（玉宝等，2008）。模型经精度检验，树高实测值与理论值之间无显著差异，Logistic 方程 P 值为 0.49699 > 0.05)，Richards 方程 P 值为 0.30219 > 0.05（表 5-18）。

表5-17　单木高生长模型拟合结果

方程	分级木	模型	R^2	自由度	显著水平
Logistic	优势木	$H = 15.32538/(1 + e^{3.20175-0.08906A})$	0.829	222	0.000
	平均木	$H = 12.67190/(1 + e^{3.16215-0.09588A})$	0.758	153	0.000
	被压木	$H = 12.25931/(1 + e^{3.31408-0.07695A})$	0.807	136	0.000

（续）

方程	分级木	模　型	R^2	自由度	显著水平
Richards	优势木	$H = 15.32538(1 - 0.72808e^{-0.04681A})^{3.99998}$	0.771	222	0.000
	平均木	$H = 12.67190(1 - 0.74107e^{-0.05779A})^{4.53998}$	0.668	153	0.000
	被压木	$H = 12.25931(1 - 0.50468e^{-0.03317A})^{5.58122}$	0.824	136	0.000

表 5-18　优势木高生长模型精度检验

方程	变量	平均值	标准差	T 值	自由度	P 值
Logistic	实测值	9.08035	4.93853			
	理论值	9.30695	5.52888	-0.68219	84	0.49699
Richards	理论值	9.39341	5.17146	-1.03811	84	0.30219

5.3.4　小结

本节探讨了兴安落叶松天然林树高模型，对于天然林经营技术、研究林分演替规律具有重要意义。选用 31 株解析木数据，利用 Logistic 和四参数的 Richards 方程拟合了兴安落叶松天然林优势木、平均木和被压木高生长模型，模型均在 0.01 水平上显著。对林木年龄(A)、胸径(D)、树高(H)、活枝下高(h_1)、死枝下高(h_2)经相关性分析后，D、H、h_1、h_2 等在 0.01 水平上有显著正相关，所拟合的活枝下高和死枝下高的模型，在 0.01 水平上显著。研究表明：Logistic 方程的拟合效果较四参数的 Richards 方程好，优势木、平均木和被压木高生长模型 R^2 分别为：0.829、0.758、0.807；0.771、0.668、0.824。优势木和被压木的拟合效果较平均木好，对优势木高生长模型经精度检验后，实测值与理论值无显著差异(P 值 > 0.05)，模型具有实用价值。

本书拟合了优势木、平均木和被压木的高生长模型，在林业生产中具有参考价值。其中，优势木和被压木的拟合效果较平均木好。对优势木高生长模型的精度检验，实测值与理论值无显著差异，表明该方程可实际应用，能够准确预测高生长量。在两种模型中，Logistic 方程的拟合效果较四参数的 Richards 方程好，这与刘平等(2008)、葛剑平等(1992)人研究结论基本一致，与邓红兵等(1999)人研究结果不同，这与树种、林分起源等有关。

代全林等(2002)研究茶秆竹 5 种高生长模型后认为，多个模型的加权组合，可以提高拟合的精度，优于单个模型。近年来，利用混合模型拟合了高生长模型，普遍认为混合模型的拟合精度都比基本模型的拟合精度高（Fang Z *et al*，2001；李永慈等，2004；Calegario N *et al*，2005；Nothdurft A *et al*，2006；李春明等，2010；姜立春等，2012），但主要以人工林高生长模型为主，对于天然林的高生长混合模型方面需要深入研究。

本书解析木采用全解，由于样本数量仅 31 株，数据十分有限。因此，对平均木和被压木的树高生长方程精度未能检验，今后有待进一步验证和补充研究。

5.4 树冠生长

在林木定向培育中，保持不同生长阶段林木合理的冠幅和冠结构尤为关键。树冠作为树木自身遗传特性和环境作用的综合体现，既是树木生长发育的结构基础，又是影响种群的分布格局（马克明等，2000）、林木生长、干形、材质和生物量生产的重要因子之一。目前，树冠研究主要集中在冠幅生长及影响因子的研究（曾杰等，1999；雷相东等，2006；Gill *et al*，2000；Bragg，2001；Bechtold，2003；2004；邓宝忠等，2003；卢昌泰等，2008；时明芝等，2006）、树冠结构的研究（任海等，1996；朱春全等，2000；陈东来等，2003；裴保华等，1990；刘奉觉等，1991；方升佐等，1995）、通过树冠确定林分适宜密度的研究（卢昌泰等，2008；陈东来等，2003；李雪风，1988；王迪生等，1994）等。树冠在林木竞争中起着非常重要的作用，在以往树冠生长研究比较单一、不够系统，以人工林为主，对天然林的研究甚少，尤其对树冠生长个体差异和林分树冠生长有必要深入研究。

兴安落叶松是大兴安岭森林建群种（内蒙古森林编辑委员会，1989），我国重要的用材林树种之一，也是内蒙古及东北地区重要更新和造林树种。兴安落叶松林不仅对呼伦贝尔大草原和嫩江流域起生态保护作用，而且对保护我国物种多样性方面也具有重要地位。通过对兴安落叶松天然林树冠生长进行深入探讨，揭示不同分级木树冠生长和单株及林分树冠生物量生长特点，并提出其预测模型。为在全球气候变化条件下，对天然林经营及森林碳循环的进一步研究提供科学依据。

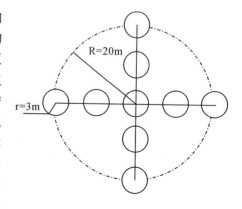

图 5-21　样地样圆布置图

5.4.1 试验方法

5.4.1.1 样地调查

选择具有代表性的森林群落类型，按不同的林分因子和立地因子，设直径40m的无边形样地(图 5-21)，在其内设 9 个直径为 6m 的样圆，相邻样圆之间距离为 4m，从中央向四个方向排列。共设置 9 块样地(表 5-19)。在样地内每木调查，量测树高、胸径、冠幅、枝下高，调查记载样地立地因子、林下植被、土壤等。在每木检尺的基础上，按不同样地林木生长状况，每块样地选择优势木、平均木、被压木各 1 株，进行树干解析，共伐倒 27 株。

表 5-19 9 块样地基本概况

样地号	林分年龄(年)	平均胸径(cm)	平均高(m)	林分密度（株/hm²）
1	58	10.0	10.4	1101
2	36	6.1	6.8	3263
3	36	8.9	8.0	2398
4	39	10.5	10.1	1533
5	56	9.2	9.0	1258
6	60	9.2	11.8	2241
7	61	12.8	9.7	2045
8	39	13.6	12.4	983
9	54	7.4	9.3	1966

5.4.1.2 分级木选择

样地优势木、平均木、被压木的选择，采取定性和定量相结合的方法。根据每木检尺的数据，用公式 $d = r / R$(d：林木相对直径；r：林木胸径；R：林分平均胸径)，求出每株林木相对直径。其选择标准为优势木：生长良好，无病虫害，树冠最大且占据林冠上层，在样地内同龄级林木中，胸径和树高最大，$d \geq 1.02$；平均木：生长尚好，无病虫害，树冠较窄，胸径和树高较优势木差，位于林冠中层，树干圆满度较优势木大，在样地内同龄级林木中，胸径和树高与林分平均高和平均胸径最接近，$0.70 \leq d < 1.02$；被压木：生长不良，无病虫害，树高和胸径生长均落后，树冠受挤压严重，处于明显被压状态，$0.35 \leq d < 0.70$。

5.4.1.3 生物量测定

(1)单株生物量测定。①单株树干生物量：将解析木按 1m 分段现场测定其鲜重，并截取圆盘(孟宪宇，2004)带回实验室在 105℃下烘干至恒重，测定干重，计算不同区分段含水率，推算解析木树干(带皮)生物量。②单株枝叶生物量：测定树冠所有枝基径和枝长，并将树冠分东西南北 4 个方向和上中下 3 层，每层 4 个方向各截取 2 个标准枝，剥取其上全部叶片，将枝和叶分别带回实验室，在 105℃ 下烘干至恒重，测定干重。利用标准枝基径和枝长分别建立枝和叶生物量模型，根据模型求算树冠枝和叶生物量。③单株树冠生物量：为单株枝和叶生物量之和。④单株地上生物量：为单株树干（带皮）、枝和叶生物量之和。

（2）林分生物量测定：利用解析木胸径和树高建立单株各器官生物量模型。根据模型和每木检尺数据，求算林分乔木（兴安落叶松）地上、树冠、枝和叶生物量。上述野外调查时间为 2004 年 7 月下旬。

5.4.1.4　数据分析

数据统计分析采用 SPSS 14.0 软件。对兴安落叶松天然林，年龄相差在一个龄级内（20 年）可视为同龄林（内蒙古森林编辑委员会，1989；徐化成，1998；孙玉军等，2007）。为充分考虑林分年龄和密度对树冠生长的影响，将林分年龄划分为 36～39 年、54～61 年，密度划分为 ≤1000 株/hm²、1000～2000 株/hm²、2000～3000 株/hm²、≥3000 株/hm² 等不同等级进行讨论分析。

5.4.2　冠幅和冠长生长

年龄 36～39 年、密度 983～3263 株/hm² 林分和年龄 54～61 年、密度 1101～2241 株/hm² 林分，优势木、平均木和被压木平均冠幅分别为 3.4m、2.8m、2.2m 和 3.4m、2.6m、2.4m。随林分密度增加，各分级木冠幅差距趋于减小（图 5-22a、图 5-23e），如年龄 36～39 年林分，林分密度由 983 株/hm² 增加到 3263 株/hm² 时，优势木冠幅较平均木冠幅由大 52.1% 减小至大 16.1%，较被压木冠幅由大 88.9% 减小至大 68.5%（图 5-22a）。年龄 36～39 年林分，随林分密度增加，林木冠幅减小，其幅度为优势木 > 被压木 > 平均木（图 5-22a）。而年龄 54～61 年林分，随林分密度增加，无明显规律（图 5-23e）。在相同密度水平下，随林分年龄增加，优势木冠幅增大，而平均木和被压木无显著规律（表 5-20）。

随林分密度增加，分级木冠长占树高比率（图 5-22b、图 5-23f）、冠长与冠幅比值（图 5-22c、图 5-23g）增加。说明林分密度增加时，限制冠幅生长，而促进冠长的生长。在同密度水平下，随林分年龄增加，分级木冠长占树高比率、冠长与冠幅比值变化无明显规律，因密度水平不同而不同（表 5-20）。

5.4.3　冠幅生长模型

兴安落叶松林林木冠幅与其胸径、树高线性相关。与胸径的模型为：$C_w = 0.1799D + 1.2439$，$R^2 = 0.757$，经检验，$F = 96.360$，$P < 0.05$，线性关系极显著，模型有效。与相关研究结果（邓宝忠等，2003；雷相东等，2006）一致。与胸

径、树高的模型为：$C_w = 0.189D - 0.0139H + 1.307$，$R^2 = 0.757$，经检验，$F = 46.678$，$P < 0.05$，模型有效。式中，$C_w$ 为冠幅（m），D 为胸径（cm），H 为树高（m）。

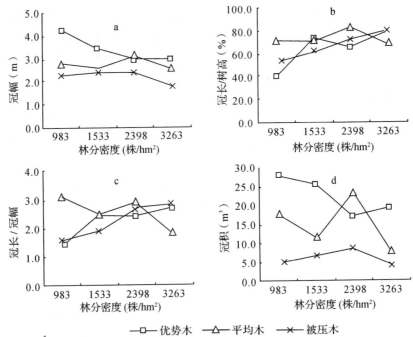

图 5-22　年龄 36～39 年不同密度林分分级木冠幅、冠长及冠积生长

表 5-20　不同密度林分分级木树冠生长

密度水平（株/hm²）	林分密度（株/hm²）	林分年龄（年）	优势木				平均木				被压木			
			C_w（m）	C_l/H（%）	C_l/C_w	C_v（m³）	C_w（m）	C_l/H（%）	C_l/C_w	C_v（m³）	C_w（m）	C_l/H（%）	C_l/C_w	C_v（m³）
≤1000	983	39	4.3	39.8	1.4	28.122	2.8	72.0	3.1	17.886	2.3	52.7	1.6	4.729
1000～2000	1533	39	3.4	75.0	2.5	25.409	2.6	70.7	2.5	11.498	2.4	62.0	1.9	6.873
	1101～1966	54～58	3.6	58.3	2.2	27.198	2.6	59.1	2.4	11.481	2.0	62.3	2.3	5.150
2000～3000	2398	36	3.0	65.6	2.4	17.074	3.2	83.6	2.9	23.757	2.4	73.2	2.6	8.887
	2045～2241	60～61	3.1	75.6	3.6	26.362	2.5	50.3	2.5	10.664	3.0	76.2	1.9	12.757
≥3000	3263	36	3.0	79.6	2.7	19.311	2.6	68.7	1.8	8.043	1.8	81.0	2.9	4.228

C_w：冠幅；C_l/H：冠长与树高比；C_l/C_w：冠长与冠幅比；C_v：冠积。

5.4.4 冠积生长

树冠体积是冠幅与冠长的综合体现。冠积计算公式(陈东来等,2003)为: $C_v = (C_l/12) \times \pi \times C_w^2$。式中: C_v 为冠积(m³); C_w 为冠幅(m); C_l 为冠长(m)。各分级木冠积为优势木>平均木>被压木。年龄36~39年林分优势木和平均木冠积随林分密度的增加而减小,被压木冠积变化不显著;年龄54~61年林分随密度增加,分级木冠积无明显规律(图5-22d、图5-23h)。年龄36~39年和54~61年林分,优势木、平均木和被压木平均冠积分别为22.479m³、15.296m³、6.179m³和26.864m³、11.154m³、8.192m³。在同密度水平下,随林分年龄增加,优势木冠积增大,平均木和被压木冠积变化无显著规律,因密度水平不同而不同(表5-20)。

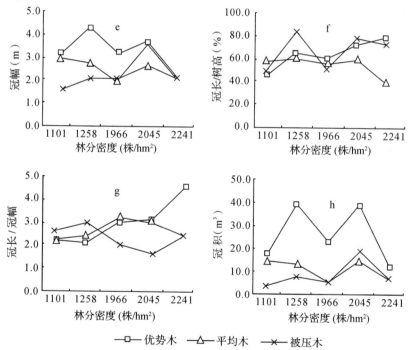

图5-23　年龄54~61年不同密度林分分级木冠幅、冠长及冠积生长

5.4.5 冠生物量

5.4.5.1 单株树冠生物量

同密度条件下,单株树冠生物量优势木最大,平均木次之,被压木最小

（图5-24、图5-25）。年龄36～39年和54～61年林分优势木、平均木和被压木平均单株冠生物量分别为 0.0082t、0.0049t、0.0009t 和 0.0079t、0.0038t、0.0014t。随林分密度增加，优势木冠生物量呈下降趋势，平均木冠生物量变幅大，无明显规律，被压木冠生物量无太大变化（图5-24、图5-25）。各分级木冠生物量最大和最小值出现的密度水平各不相同。年龄54～61年林分单株冠生物量变幅较年龄36～39年林分大（图5-25），说明随着林分年龄增加，林木竞争更加激烈，林木冠生物量变化大。图5-25中，当林分密度1966株/hm²时，由于平均木冠幅（图5-23e）及冠积（图5-23h）较小，导致了其生物量小于被压木生物量。

年龄36～39年和54～61年林分，优势木、平均木、被压木单株树冠生物量占单株地上生物量平均比例分别为18.5%、24.2%、17.3%和15.9%、12.0%、20.5%。随林分年龄增长，优势木和平均木冠生物量占单株地上生物量比例减小，而被压木的增加（表5-21）。

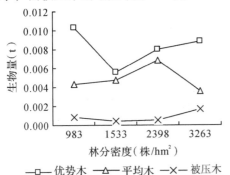

图5-24　年龄36～39年不同密度林分单株树冠生物量

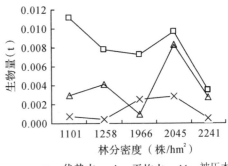

图5-25　年龄54～61年不同密度林分单株树冠生物量

表5-21　各分级木单株树冠、枝、叶生物量分配

密度水平（株/hm²）	林分密度（株/hm²）	林分年龄（年）	W_c/W_{on}（%）			W_l/W_c（%）			W_{si}/W_c（%）		
			优势木	平均木	被压木	优势木	平均木	被压木	优势木	平均木	被压木
≤1000	983	39	16.2	14.6	22.5	79.7	73.3	65.5	20.3	26.7	34.5
1000～2000	1533	39	18.9	24.1	10.4	74.7	78.5	66.8	25.3	21.5	33.2
	1101～1966	54～58	17.4	11.3	22.0	77.7	71.3	68.2	22.3	28.7	31.8
2000～3000	2398	36	13.7	27.6	10.5	79.7	75.9	70.8	20.3	24.1	29.2
	2045～2241	60～61	13.8	13.0	18.3	75.5	76.4	76.1	24.5	23.6	23.9
≥3000	3263	36	25.1	30.3	26.0	72.4	71.1	63.2	27.6	28.9	36.8

注：W_{on}单株地上生物量，W_c单株冠生物量，W_l单株枝生物量，W_{si}单株叶生物量。

5.4.5.2 单株冠生物量分配

在单株冠生物量中，枝生物量比例高于叶生物量比例（表5-21）。冠生物量各器官分配因分级木而不同。年龄36～39年和54～61年林分，优势木、平均木、被压木枝生物量比例分别为76.6%、74.7%、66.6%和76.8%、73.3%、71.4%；叶生物量比例分别为23.4%、25.3%、33.4%和23.2%、26.7%、28.6%。在同密度水平下，随林分年龄增加，优势木枝生物量比例增加，叶生物量比例减小，平均木和被压木枝、叶生物量比例因密度水平不同而不同（表5-21）。

5.4.5.3 单株冠、枝、叶生物量模型

利用胸径、树高、冠幅、冠长、枝基径、枝长等因子，建立了兴安落叶松林单株冠、枝和叶生物量模型（表5-22）。式中：W_c、W_l、W_{si}分别指单株冠生物量（t）、单株枝生物量（t）、单株叶生物量（t）；D为胸径（cm），H为树高（m），C_w为冠幅（m），C_l为冠长（m），d为枝基径（cm），l为枝长（m）。各项模型相关系数（R^2）达到了0.637～0.918（表5-22）。经检验所有模型均达到极显著水平（$P < 0.001$），模型有效（表5-22）。

表5-22　单株树冠、枝、叶生物量模型

各器官	生物量模型	相关系数	F 值	显著水平
冠（W_c）	1. $W_c = 3.3108E - 05(D^2H)^{0.7231}$	0.712	146.194	$1.308E - 17$
	2. $W_c = 0.0028D - 0.0015H - 0.0039$	0.823	134.462	$1.661E - 22$
	3. $W_c = 0.0094C_w - 0.0004C_l - 0.0191$	0.791	56.881	$6.196E - 11$
枝（W_l）	1. $W_l = 1.6367E - 05(D^2H)^{0.7817}$	0.722	153.470	$4.650E - 18$
	2. $W_l = 0.0026D - 0.0014H - 0.0039$	0.804	119.099	$2.908E - 21$
	3. $W_l = 0.0085C_w - 0.0005C_l - 0.0171$	0.781	53.604	$1.248E - 10$
	4. $W_l = 3.0429E - 05(d^2l)^{1.0106}$	0.918	4198.398	$1.912E - 206$
叶（W_{si}）	1. $W_{si} = 2.6195E - 05(D^2H)^{0.5540}$	0.637	103.599	$1.320E - 14$
	2. $W_{si} = 0.0003D - 0.0001H - 0.00002$	0.823	135.182	$1.463E - 22$
	3. $W_{si} = 0.0009C_w + 0.0001C_l - 0.0019$	0.806	62.405	$2.041E - 11$
	4. $W_{si} = 1.6541E - 05(d^2l)^{0.6343}$	0.754	1152.453	$1.071E - 116$

5.4.5.4 林分树冠生物量

年龄36～39年林分树冠生物量达4.63～15.61t/hm²（图5-26）；随林分密度增加，林分树冠生物量（W_c）占乔木地上生物量（W_{on}）比例增加，其比例为9.1%～42.9%；在林分树冠生物量分配中，枝生物量比例随林分密度变化与林分树冠生

物量随密度变化具有相似，而叶生物量变化则相反（表5-23），枝生物量比例为 70.5%~78.8%，平均达74.9%，叶生物量比例为21.2%~29.5%，平均达 25.1%（表5-23）。

年龄54~61年林分树冠生物量达3.03~11.08t/hm² （图5-27）；随林分密度增加，林分树冠生物量占乔木地上生物量比例呈单峰型变化，其比例为12.4%~ 24.4%（图5-27）；在林分冠生物量分配中，枝生物量比例随林分密度变化与林分树冠生物量随密度变化具有相同趋势，而叶生物量变化则相反（表5-23），枝生物量比例为70.8%~80.2%，平均达73.9%，叶生物量比例为19.8%~29.2%，平均达26.1%（表5-23）。

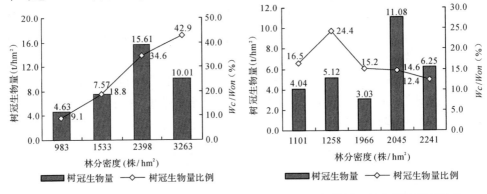

图5-26　年龄36~39年不同密度林分树冠生物量　　　图5-27　年龄54~61年不同密度林分树冠生物量

表5-23　不同年龄和密度林分树冠生物量分配

| 样地号 | 林分年龄（年） | 林分密度（株/hm²） | 冠生物量分配（%） | | 样地号 | 林分年龄（年） | 林分密度（株/hm²） | 冠生物量分配（%） | |
			枝	叶				枝	叶
8	39	983	74.5	25.5	1	58	1101	73.4	26.6
4	39	1533	78.8	21.2	5	56	1258	73.0	27.0
3	36	2398	75.8	24.2	9	54	1966	72.0	28.0
2	36	3263	70.5	29.5	7	61	2045	80.2	19.8
—	—	—	—	—	6	60	2241	70.8	29.2
—	—	平均	74.9	25.1	—	—	平均	73.9	26.1

5.4.6　小结

探讨了兴安落叶松天然林树冠生长、不同分级木树冠生长和单株及林分树冠生物量生长特点，为今后对天然林经营及森林碳循环的进一步研究提供科学依据，具有一定的理论和现实意义。分析了兴安落叶松天然林分级木和林分冠生长特性，建立了冠幅生长及单株冠、枝、叶生物量模型。年龄 36～39 年、密度 983～3263 株/hm² 林分和年龄 54～61 年、密度 1101～2241 株/hm² 林分，优势木、平均木和被压木平均冠幅分别为 3.4m、2.8m、2.2m 和 3.4m、2.6m、2.4m；平均冠积分别为 22.479m³、15.296m³、6.179m³ 和 26.864m³、11.154m³、8.192m³。随林分密度增加，各分级木冠幅差距趋于减小，冠长占树高比率、冠长与冠幅比值增加。在分析年龄 36～39 年和年龄 54～61 年林分分级木冠生长时发现，幼龄林(≤40 年)林分密度对冠生长影响突出，具有一定规律性，而中龄林(41～80 年)受林分年龄和密度双重因子的影响更加突出，其规律性不明显。这可能随着林分年龄增加，开始自然稀疏，使林木竞争更加复杂有关。这一方面，与江泽慧等(2007)、曾杰等(1999)研究结果相符。同时各分级木的冠生长具明显不同特点，优势木占据上层，对林分密度较其他分级木敏感。王成等(2000)研究认为，不同生长势赤松生物量分配受林分密度影响的程度不同，大小顺序为：优势木＜平均木＜被压木，与本书不完全一致，这可能与树种生物学和生态学特征有关。天然林较人工林具有复杂性和多变性，突出表现在年龄结构上，尤其兴安落叶松天然林，更新生长较好，同一林分当中，往往存在多代林木。所选样地中，在同密度水平下林分年龄未形成梯度，因此林分年龄对树冠生长的影响还需深入探讨。利用胸径和树高建立了冠幅生长预测模型。

年龄 36～39 年和 54～61 年林分，优势木、平均木和被压木平均单株冠生物量分别为 0.0082t、0.0049t、0.0009t 和 0.0079t、0.0038t、0.0014t；单株树冠生物量占单株地上生物量的平均比例分别为 18.5%、24.2%、17.3%、15.9%、12.0%、20.5%。年龄 54～61 年林分，冠生物量变幅较年龄 36～39 年林分大，说明随林分年龄增加，林木竞争更加激烈。随林分年龄增长，优势木和平均木冠生物量占单株地上生物量比例减小，而被压木的增加。张治军等(2008)研究认为，随林木优势度下降，树枝和树皮生物量比例增加，树干生物量比例下降，针叶生物量比例增加，与本书基本一致。

单株冠生物量各器官分配因分级木而不同。年龄 36～39 年和 54～61 年林分，优势木、平均木、被压木枝生物量比例分别为 76.6%、74.7%、66.6% 和 76.8%、73.3%、71.4%；而叶生物量比例分别为 23.4%、25.3%、33.4% 和 23.2%、26.7%、28.6%。随林木生物量增加，冠生物量所占比例逐渐减小，其中优势木最明显，而冠生物量中枝生物量比例明显增加，叶生物量比例减小。这与曾立雄等(2008)研究相符，也在人工林相关研究中得到证实(丁贵杰等，2001；2003)。为确保在不同生长阶段合理的冠生长，并将其量化对林木定向培育极其重要。

建立了兴安落叶松林单株冠、枝和叶生物量预测模型。其中，模型 2 具有较高的相关性，适合兴安落叶天然林生物量估测。目前，常见的树冠生物量模型是以胸径为自变量的幂函数模型（涂洁等，2008），也增加了模型种类，便于估测天然林生物量。

年龄 36～39 年和 54～61 年林分，林分树冠生物量分别达 4.63～15.61t/hm²和 3.03～11.08t/hm²，其中枝、叶生物量平均比例分别为 74.9%、25.1% 和 73.9%、26.1%。随林分密度增加，年龄 36～39 年林分树冠生物量占乔木地上生物量比例增加，而年龄 54～61 年林分的呈单峰型变化，其比例分别为 9.1%～42.9% 和 12.4%～24.4%，说明随林分年龄增加，冠生物量比例减小，这与方升佐等（1995）研究一致。在林分冠生物量分配中，枝生物量比例随林分密度变化与林分冠生物量随密度变化具有相同趋势，而叶生物量比例变化则相反，这与相关研究结果一致（丁贵杰等，2001；2003）。

第6章

过伐林更新

6.1　主要两种林型林分更新特征

　　森林天然更新是森林生态系统自我繁衍恢复的手段（徐振邦等，2001）。研究森林天然更新与森林群落结构关系及更新机制，掌握森林演替和森林生态系统发生发展过程，对科学经营天然林至关重要。我国天然林过去以采伐利用为主，现在以

草类－落叶松林

保护经营为主。相应地更新研究由过去采伐更新(韩景军等,2000)转为目前的林隙更新(臧润国等,1998;1999;罗大庆等,2002;韩景军等,2002;宋新章等,2007;2008;张希彪等,2008)、更新格局(王树力等,1993)以及更新机制的研究为主(徐化成等,1990;杜亚娟等,1993;Holmes T H,1995;班勇等,1995;1997;Agyeman V K *et al*,1999;Martens S N *et al*,2000;汤景明等,

杜香–落叶松林

2005)。但对于林分结构对更新影响的研究比较少(徐振邦等,2001;Denslow J S *et al*,1991),尤其对兴安落叶松天然林更新的研究甚少(安守芹等,1997)。林分结构影响林下树种的分布(Aber J D,1979;Denslow J S *et al*,2000)和林分更新(Clark D B *et al*,1996;Nicotra A B *et al*,1999),而林下幼树将决定未来森林群落的结构(David R L *et al*,1998)。本节选择大兴安岭森林常见的草类–落叶松林和杜香–落叶松林两种林型,分析不同结构兴安落叶松林天然更新特征以及影响因子,为天然林抚育采伐、演替动态、天然林经营以及森林碳循环的进一步研究提供理论依据。

6.1.1 试验方法

6.1.1.1 样地设置

选择具有代表性的草类–落叶松林和杜香–落叶松林,按不同的林分因子和立地因子,设直径40m的无边形样地(图6-1),在其内设9个直径为6m的样圆,相邻样圆之间距离为4m,从中央向4个方向排列。共设置16块样地。

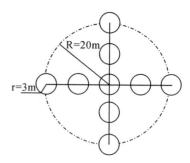

图6-1 样地圆布置

6.1.1.2 样地调查

在样地内每木调查,量测胸径、树高、冠幅;调查样地立地因子、林下植被、更新情况、土壤厚度;量测样地草本和灌木盖度。

6.1.1.3 统计分析

数据统计分析采用SPSS 14.0软件。分析水平格局时,采用样方法,根据

其聚集系数(Clark P J U *et al*，1954；徐化成，1998；)大小分为均匀分布(0≤λ<0.5)、随机分布(0.5≤λ<1.5)和聚集分布(λ≥1.5)3种类型。

6.1.2　不同林型更新

为便于分析，将36~65年草类-落叶松林年龄划分为36~48年和51~65年两个年龄阶段。林型(内蒙古森林编辑委员会，1989；徐化成，1998)是大兴安岭兴安落叶松林重要特征之一，林型对兴安落叶松林更新有影响。56~65年草类-落叶松林平均更新密度较54~63年杜香-落叶松林高12.8%(图6-2)。林下植被是影响林下更新的重要因子，灌木和草本盖度大时，与幼苗营养空间的相互竞争，不利于幼苗发育和生长。草类-落叶松林草本盖度较杜香落叶松林高62.1%，但灌木盖度较杜香-落叶松林低90.6%(图6-3)，总体上杜香-落叶松林林下植被盖度高，因此影响了林下更新。

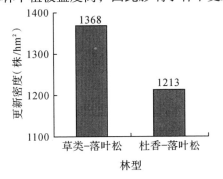

图6-2　年龄54~65年不同林型
　　　　更新密度

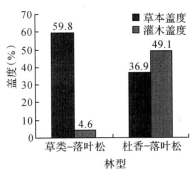

图6-3　年龄54~65年不同林型
　　　　草本和灌木盖度

6.1.3　不同年龄更新

36~48年草类-落叶松林平均更新密度1003株/hm²，较56~65年草类-落叶松林低26.7%。随着林分年龄增大，不同结构特征的林分更新变化幅度大。主要受密度、树种组成及立地条件等因子影响。年龄36~48年草类-落叶松林，当年龄36年和48年时更新最好，达1533株/hm²。年龄56~65年草类-落叶松林，当年龄65年时更新最好，达2516株/hm²。年龄54~63年杜香-落叶松林，当年龄62年时更新最好，达2359株/hm²。天然林年龄结构复杂，同一林分当中，往往存在多代林木。但其他条件相近情况下，林分年龄是影响林分更新因子之一，随着林分年龄增加，林分更新有增加趋势。如样地1和样地15，样地4和样地13，林型相同，林分密度、树种组成和立地条件相近，但由于林分年龄不同，林分更新密度不同。相同年龄林分更新由于受密度、树种组成及立地的影响，林分更新有所不同。如样地4和样地9，样地3和样地7，年龄相同密度相近，但林型、树种组成和立地不同，林分更新不同（表6-1至表6-3）。

表6-1　年龄36~48年草类-落叶松林更新情况

样地号	年龄（年）	平均胸径（cm）	平均高（m）	林分密度（株/hm²）	树种组成	海拔（m）	坡度（°）	坡向	坡位	土壤厚（cm）	更新密度（株/hm²）	聚集系数
10	36	6.1	6.8	3263	7落3阔	960	30	NW	中	17	1533	3.68
13	39	13.6	12.4	983	9落1阔	880	5	SW	下	16	118	0.30
16	42	10.0	10.1	1573	6落4阔	850	5	SW	下	17	826	0.66
15	48	10.1	8.7	2359	8落2阔	950	60	E	下	18	1533	2.61

注：树种组成中，阔表示白桦和山杨。

表6-2　年龄56~65年草类-落叶松林更新情况

样地号	年龄（年）	平均胸径（cm）	平均高（m）	林分密度（株/hm²）	树种组成	海拔（m）	坡度（°）	坡向	坡位	土壤厚（cm）	更新密度（株/hm²）	聚集系数
3	56	12.5	9.4	1533	9落1阔	980	20	S	中	18	1022	3.49
4	58	9.3	9.2	1062	8落2阔	1005	25	S	中	17	1140	2.52
2	61	14.4	9.6	315	7落3阔	920	22	S	中	17	1101	1.61
12	61	12.8	9.7	2045	9落1阔	1050	45	S	上	17	1062	2.04
1	65	8.2	7.8	2792	8落2阔	900	10	S	下	21	2516	5.45

注：树种组成中，阔表示白桦和山杨。

表6-3　年龄54~63年杜香-落叶松林更新情况

样地号	年龄（年）	平均胸径（cm）	平均高（m）	林分密度（株/hm²）	树种组成	海拔（m）	坡度（°）	坡向	坡位	土壤厚（cm）	更新密度（株/hm²）	聚集系数
14	54	7.4	9.3	1966	6落4阔	930	15	SW	下	7	1062	0.90
7	56	10.8	9.0	1533	6落4阔	1060	30	N	中	16	1927	0.92
5	58	15.9	8.9	865	10落	990	25	N	中	19	1376	1.19
9	58	10.0	10.4	1101	7落3阔	910	25	NW	下	20	826	0.75
11	60	9.2	11.8	2241	10落	900	15	NW	下	19	79	1.05
8	62	12.9	9.8	1691	9落1阔	1030	30	N	中	15	2359	0.73
6	63	8.7	8.1	1494	8落2阔	1050	30	N	上	14	865	1.04

注：树种组成中，阔表示白桦和山杨。

6.1.4　不同密度更新

研究森林天然更新状况是研究森林空间结构的重要一环。天然更新优化林分结构，促进林分演替（孔令红等，2007）。天然更新是保证林分结构趋于优化和发挥功能的重要保证。植物天然更新受环境条件、自然干扰和人为干扰，以及更新树种的遗传学、生理学、生态学特性及其与周围树种的关系(如植物种间的竞争、化感作用)等影响(符婵娟等,2009)。在评判森林更新能力大小的过程中,林分密度可作为比较重要的评价指标之一,林分密度与林分更新的关系最密切。合理调整林分密度是加快林分更新的有效途径之一(康冰等,2011)。

不同密度的林分更新随着密度增加,呈增加或单峰型变化趋势。但不同年龄的林分更新密度峰值出现在不同密度水平上。年龄 36~48 年草类–落叶松林,当林分密度 2359 株/hm² 和 3263 株/hm² 时,更新密度最高,达 1533 株/hm²。年龄 56~65 年草类–落叶松林,当林分密度 2792 株/hm² 时,林分更新最好,达 2516 株/hm²。年龄 54~63 年杜香–落叶松林,当林分密度 1691 株/hm² 时,林分更新密度最高,达 2359 株/hm²。

在相同年龄、林型、树种组成和立地条件下,林分更新主要受密度影响,随着密度增加,林分更新密度也增加。如样地 1 和样地 4,样地 13 和样地 15,样地 6 和样地 8,林分年龄和立地条件相近,林型和树种组成相同,但由于密度不同,其更新不同。

6.1.5　不同水平格局更新

种群空间格局是植物种群结构的基本特征之一(韩铭哲等,1993;Fueldner K,1995;徐化成,1998;惠刚盈等,1999;2004;张群等,2004)。兴安落叶松林不同水平格局的林分更新明显不同(图 6-4)。当聚集分布时,平均更新密度最高,达 1415 株/hm²;随机分布时,更新次之,达 1165 株/hm²;当均匀分布时,更新最差,仅 118 株/hm²(图 6-4)。在 16 块样地中,仅 1 块样地林木格局为均匀分布,是否当水平格局为均匀分布时林分更新较差,需要进一步探讨。

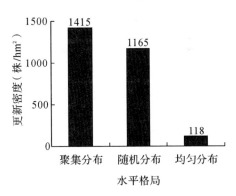

图 6-4　不同水平格局林分更新

6.1.6　枯倒木影响

枯倒木是森林生态系统中必不可少的组分之一,是森林生态系统养分循环中的一个重要环节(班勇等,1995;1997;臧润国等,1998;罗大庆等,2002)。随着林分密度增加,林分内竞争加剧,林内被压木、枯倒木随之增多(表 6-4)。枯倒木对林木种子的发芽、幼苗生长提供营养条件、保温、增加湿度(臧润国等,

1999)，有利于林分更新。在年龄 36~48 年草类 – 落叶松林、56~65 年草类 – 落叶松林和 54~63 年杜香 – 落叶松林中，更新较好的林分中均存在枯倒木。如样地 1，10，12，14，15 等。具有枯倒木的林分中，随着枯倒木数量和其腐烂程度的增加，更新密度逐渐变高(表6-4)。

表6-4　不同密度的林分枯倒木数

项目	样地号															
	2	5	13	4	9	6	3	7	16	8	14	12	11	15	1	10
林分密度（株/hm²）	315	865	983	1062	1101	1494	1533	1533	1573	1691	1966	2045	2241	2359	2792	3263
枯倒木数(株)	0	0	0	0	1	0	0	0	0	0	1	6	0	5	5	7
枯倒木腐烂程度	—	—	—	—	5	—	—	—	—	—	2	1、3~5	—	2、4、5	5	1~5

注：腐烂程度分为5个等级。树刚倒不久为1级；枯倒木仅表面腐烂，踩踏时表层脱落，不变形为2级；枯倒木腐烂较轻，踩踏时表层脱落，略变形为3级；枯倒木腐烂较重，有形，踩踏时塌陷为4级；枯倒木完全腐烂，已塌陷为5级。

6.1.7　林下植被影响

随着林分年龄增加，郁闭度也在上升，不利于灌木、草本生长。不同年龄和密度的林分林下植被不同。林下植被影响林分更新。林分更新密度865 株/hm² 以下的林分草本和灌木盖度普遍高，影响了林分更新，如样地6，9，11，13，16。随着林下草本和灌木盖度增加，更新密度呈下降趋势(表6-5)，这是草本和灌木复合影响的结果。

表6-5　不同草本和灌木盖度的林分更新

项目	样地号															
	10	13	16	15	3	4	2	12	1	14	7	5	9	11	8	6
林分密度（株/hm²）	3263	983	1573	2359	1533	1062	315	2045	2792	1966	1533	865	1101	2241	1691	1494
灌木盖度(%)	16.2	20.0	25.6	25.0	5.7	0.7	0.0	3.4	13.3	22.1	70.0	60.0	70.9	14.6	56.7	49.5
草本盖度(%)	87.9	91.0	89.9	93.3	50.0	70.0	73.3	87.1	18.7	88.6	13.3	0.0	49.8	83.8	23.3	0.0
林分更新（株/hm²）	1533	118	826	1533	1022	1140	1101	1062	2516	1062	1927	1376	826	79	2359	865

6.1.8 小结

分析了内蒙古大兴安岭林分结构对兴安落叶松林更新的影响。

（1）不同林型林分更新不同，草类－落叶松林更新好于杜香－落叶松林，这与安守芹等（1997）人研究结果一致。56～65年草类－落叶松林平均更新密度达1363株/hm²，较54～63年杜香－落叶松林高12.8%。

倒木更新

（2）年龄36～65年，密度315～3263株/hm²范围内的草类－落叶松和年龄54～63年密度865～2241株/hm²范围内的杜香－落叶松林，在其他条件相近情况下，随着林分年龄增加，林分更新呈增加趋势。36～48年草类－落叶松林平均更新密度1003株/hm²，较56～65年草类－落叶松林低26.7%。

（3）不同密度的林分更新随着密度增加，呈增加或单峰型变化趋势。在其他条件相近且一定密度范围内，随着林分密度增加，林分更新密度也增加，这与安守芹等（1997）人研究相符。不同结构的林分更新密度峰值出现在不同密度水平上。

（4）不同水平格局的兴安落叶松林更新不同。按更新密度高低顺序为：聚集分布＞随机分布＞均匀分布。平均更新密度分别为1415株/hm²，1165株/hm²，118株/hm²。但水平格局为均匀分布的样地数少，其更新情况需进一步探讨。

（5）枯倒木有利于林分更新。在年龄36～65年草类－落叶松林和54～63年杜香－落叶松林更新较好的林分当中，普遍存在枯倒木。同时，随着枯倒木数量和其腐烂程度的增加，更新密度逐渐变高，与班勇等（1997）人研究相符。

（6）林下植被影响林分更新。

林隙更新

随着林下草本和灌木盖度增加，更新密度呈下降趋势，与杜亚娟等（1993）人研究一致。但草本和灌木盖度达到多少时，如何影响林下更新，需要进一步探讨。

（7）兴安落叶松天然林更新受多因子影响，各因子相辅相成，相互制约。在今后林分更新研究时，笔者认为有必要林分结构与林分内温度、光照、土壤湿度等微环境指标的测定相结合，有利于了解天然林林分更新机制。

6.2 林隙更新

林隙的概念由 Watt（1947）提出，直到 20 世纪 70 年代开始有人重视和研究。林隙是林分幼苗更新和生长的重要场所，与森林生态系统维持生物多样性和稳定性有密切关系。目前，国内外学者研究认为：林隙是森林循环的重要阶段，林隙干扰是森林循环的驱动力、森林群落演替的驱动要素，也在森林的结构、动态和生物多样性的维持中起着重要的作用（Brokaw N V L，1985；Runkle J R，1985；1998；Whitmore T C，1989；臧润国等，1998；臧润国，1998；梁晓东等，2001；张远彬等，2003）。国外目前已从早期的林隙特征研究转向林隙内生理生态及相关机制等的研究（Brokaw N V L，1985；Whitmore T C，1989；Runkle J R，1998）。而国内对林隙的研究尚属起步阶段，处在林隙特征、林隙的影响以及作用等基本特征的研究，对其机理、机制性的问题尚缺深入探讨（臧润国，1998；梁晓东等，2001；张远彬等，2003）。并且主要集中在阔叶红松林、冷云杉等树种及森林类型，而对大兴安岭兴安落叶松天然林林隙地被物变化特征的研究甚少。本节拟对大兴安岭兴安落叶松天然林林隙地被物特征进行初步探讨，为天然林保护工程的封育、抚育间伐和经营采伐以及生物多样性的进一步研究提供理论依据。

6.2.1 试验方法

按不同的林分因子和立地因子，选择具有代表性的森林群落类型，进行林隙调查，记载林隙更新树种、更新数量、更新幼树地径和高度以及林隙内枯倒木数量、大小和腐烂程度等。根据林隙大小，从林隙中心向外设置 1m×1m 的样方，调查植被及死地被物变化（样方植被及死地被物无太大变化为止），记载灌木、草本植物的高度、盖度以及种数，藓类高度和盖度，死地被物的厚度和盖度等，共调查 10 个林隙（表 6-6），林隙形成木分别由 1~8 株不等数量的风倒木形成。

将枯倒木腐烂程度划分为 1~5 级。其划分标准：树刚倒不久为 1 级；枯倒木仅表面腐烂，踩踏时表层脱落，不变形为 2 级；枯倒木腐烂较轻，踩踏时表层脱落，略变形为 3 级；枯倒木腐烂较重，有形，踩踏时塌陷为 4 级；枯倒木完全腐烂，已塌陷为 5 级。

表 6-6　10 个林隙基本情况

林隙号	林型	林分年龄(年)	平均胸径(cm)	平均高(m)	海拔(m)	坡向	坡度(°)	坡位	林隙形状	林隙长、短直径(m)	林隙形成木
1	草类 - 落叶松	60	8.2	7.8	900	S	10	下	椭圆	23.0；12.2	落叶松
2	草类 - 落叶松	39	13.5	12.4	880	SW	5	下	椭圆	33.8；14.7	落叶松、白桦
3	草类 - 落叶松	65	12.0	12.1	1100	SW	5	中	椭圆	33.0；11.6	落叶松
4	草类 - 落叶松	43	7.9	6.4	1000	—		—	椭圆	11.2；6.8	落叶松、白桦
5	杜鹃 - 落叶松	100	28.0	25.0	110	SE	20	上	椭圆	9.0；7.1	落叶松、白桦
6	杜香 - 落叶松	96	25.0	23.0	1110	SE	15	中	圆形	5.0	落叶松、白桦
7	草类 - 落叶松	90	22.0	20.0	1000	W	5	下	椭圆	22.4；11.4	落叶松
8	草类 - 落叶松	30	11.0	11.0	1000	SW	60	下	圆形	11.3	落叶松
9	杜香 - 落叶松	40	10.0	10.0	950	SE	30	中	椭圆	12.2；8.4	落叶松
10	草类 - 落叶松	40	8.0	9.0	1000	S	60	下	椭圆	15.2；10.1	落叶松

6.2.2　林隙形成木的特征

林隙形成木是指创建林隙的树木，包括风倒树、折干、枯立木等。根据林隙形成木的数量，把林隙分为单形成木林隙、双形成木林隙和多形成木林隙。林隙形成木的特征直接或间接地影响着林隙各种特征和树种更新（Runkle J M，1981；Brokaw N V I，1985；臧润国等，1999）。形成林隙的各树种在不同胸径级和高度级内的株数分配比例不同（表 6-7、表 6-8）。林隙形成木有白桦和落叶松，但主要是由兴安落叶松形成，形成木地径在 15～25cm 间的比例最大，而树高 15～20m 之间时形成林隙可能性最大。说明，落叶松和白桦达到一定胸径和树高才有可能成为形成木。

表 6-7　形成木的径级结构

树种	径级结构(cm)						合计
	<15	15～20	20～25	25～30	35～40	≥40	
落叶松	1	5	7	2	1	1	17
白　桦	0	3	1	0	0	0	4

表6-8　形成木的高度结构

树种	高度结构（m）					合计
	<10	10~15	15~20	20~25	≥25	
落叶松	0	2	12	2	1	17
白　桦	1	1	2	0	0	4

6.2.3　林隙灌木生长变化特征

　　林隙形成后，林隙内的环境条件将发生不同程度的变化（Runkle J R，1981；臧润国等，1998；1999；龙翠玲等，2005；张春雨等，2006）。土壤和空气温度明显高于林内，促进死地被物分解和养分的循环，有利于植物种子接触土壤和生根发芽，促进各类植物的生长。从林隙中心向外延伸进入林内，不同样方植被（灌木、草本）生长变化明显。从林隙中心向外随着距离的增加，灌木高度（图6-5）先逐渐变大，后逐渐变小。即在林隙内，随着离林隙中心距离的增加，灌木高度逐渐变大。过林隙边缘进入林内后，灌木高度随着距离的增加，又逐渐变小（图6-5）。如林隙2在距林隙中心2m时，灌木高度0.48m；进入林内1m（内1）时，0.8m；内2时，又减小到0.5m。其他林隙也有相同特点。灌木盖度（图6-6）随着离林隙中心距离的增加，先逐渐增加，后渐渐减少，与灌木高度变化过程具相同变化趋势；灌木种数呈少—多—少的变化过程（表6-9）。林隙内的灌木是林隙形成之后才生长出。因此，相比之下高度比林内小，但盖度大。而林内光照和温度较林隙内差，林内灌木生长受林分郁闭度等的影响，灌木盖度较林隙内小。由于林隙过度带的边缘效应（臧润国等，1998；1999），在林隙边缘地带，灌木

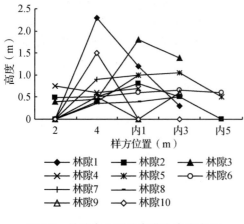

图6-5　林隙中心到林内灌木高度变化

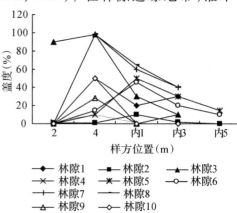

图6-6　林隙中心到林内灌木盖度变化

盖度最大（图6-6）、种类最多（表6-9）。如图6-6所示，距林隙中心4m距离处，林隙1、林隙3、林隙4、林隙7、林隙8、林隙9、林隙10灌木盖度达到最高水平。进入林内1m（内1）时，林隙2、林隙5、林隙6灌木盖度达最高水平。

表6-9　灌木种数变化特征调查表

林隙号	样方位置(m)	灌木种数	林隙号	样方位置(m)	灌木种数	林隙号	样方位置(m)	灌木种数	林隙号	样方位置(m)	灌木种数	林隙号	样方位置(m)	灌木种数
	2	—		2	1		2	1		2			2	
	4	1		4	1		4	1		4	1		4	1
1	内1	2	2	内1	1	3	内1	2	4	内1	1	5	内1	2
	内3	1		内3	1		内3	1		—	—		内3	2
	—			内5			—			—			内5	1
	2			2			2			2			2	
	4	1		4	2		4	2		4	1		4	2
6	内1	3	7	内1	1	8	内1	1	9	内1		10	内1	2
	内3	2		内3	1		内3	1		内3	1		内3	2
	内5	2		—			—			—			—	

注："样方位置"为林隙中心到样方的距离；标"内"字表示：进入林内样方距林隙边缘的距离，如"内2"为从林隙边缘进入林内2m。

6.2.4　林隙草本生长变化特征

从林隙中心向林内，随着距离增加，草本植物高度（图6-7）、盖度（图6-8）和种数总体上逐渐变小（表6-10），10个林隙均有类似特征。这可能是林隙内有优越生长条件，有利于草本植物生长。而林内，由于受光照、温度和湿度、枯枝落叶层的影响，生长状况较林隙内差。

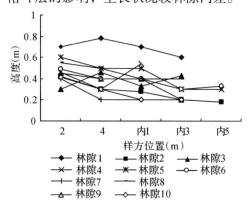

图6-7　林隙中心到林内草本高度变化

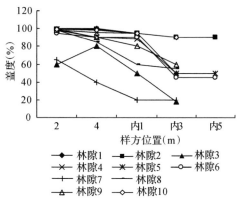

图6-8　林隙中心到林内草本盖度变化

表 6-10　草本植物种数变化特征调查表

林隙号	样方位置(m)	草本种数	林隙号	样方位置(m)	草本种数	林隙号	样方位置(m)	草本种数	林隙号	样方位置(m)	草本种数	林隙号	样方位置(m)	草本种数
1	2	6	2	2	3	3	2	3	4	2	3	5	2	2
	4	2		4	3		4	2		4	3		4	2
	内1	1		内1	3		内1	1		内1	3		内1	3
	内3	1		内3	4		内3	1		—	—		内3	2
	—	—		内5	4								内5	2
6	2	1	7	2	3	8	2	4	9	2	5	10	2	4
	4	2		4	3		4	3		4	4		4	4
	内1	4		内1	2		内1	3		内1	2		内1	2
	内3	3		内3	2		内3	2		内3	2		内3	2
	内5	2											—	

注："样方位置"为林隙中心到样方的距离；标"内"字表示"进入林内样方距林隙边缘的距离，如"内2"为从林隙边缘进入林内2m。

6.2.5　林隙藓类和死地被物特征

随着距林隙中心距离的增加，死地被物厚度和盖度呈增加趋势(图6-9、图6-10)，林隙内平均死地被物厚度和盖度较林内小(图6-9、图6-10)。进入林内后，随着距林隙边缘距离增加，死地被物盖度趋于100%，这是由于林内高大乔木层枯枝落叶较多导致。从林隙中心到林内，随着距离增加，藓类高度和盖度趋于增加(表6-11)。

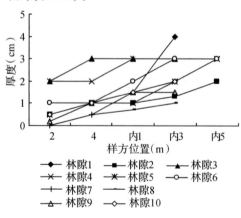

图 6-9　林隙中心到林内死地被物厚度变化

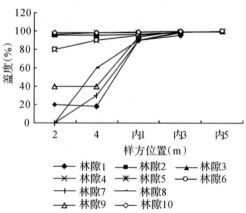

图 6-10　林隙中心到林内死地被物盖度变化

表 6-11　藓类变化特征调查表

林隙号	样方位置(m)	藓类高度(cm)	藓类盖度(%)	林隙号	样方位置(m)	藓类高度(cm)	藓类盖度(%)	林隙号	样方位置(m)	藓类高度(cm)	藓类盖度(%)
1	2	—	—	2	2	—	—	3	2	—	—
	4	—	—		4	—	—		4	—	—
	内1	2.0	50		内1	1.0	10		内1	2.0	30
	内3	2.0	50		内3	—	—		内3	1.0	70
	—				内5	—	—		—		
4	2	1.0	5	5	2	—	—	6	2	—	—
	4	—	—		4	—	—		4	—	—
	内1	—	—		内1	—	—		内1	0.5	20
	—	—	—		内3	0.5	15		内3	1.0	20
	—	—	—		内5	2.1	40		内5	1.41	30
7	2	—	—	8	2	—	—	9	2	—	—
	4	—	—		4	—	—		4	—	—
	内1	—	—		内1	—	—		内1	—	—
	内3	2.0	50		内3	1.0	30		内3	0.8	10
	—				内5	—	—		—		
10	2	—	—								
	4	—	—								
	内1	—	—								
	内3	1.5	15								
	—										

注："样方位置"为林隙中心到样方的距离；标"内"字表示：进入林内样方距林隙边缘的距离，如"内2"为从林隙边缘进入林内2m。

6.2.6　林隙幼树更新特征

表 6-12 说明，随着枯倒木腐烂程度的增加，其更新株数呈增多趋势。林隙面积相差不大，但枯倒木腐烂程度的不同导致更新密度有较大的差异（表6-12）。如林隙4和5；林隙1和7；林隙8和10。林隙大小是林隙主要特征之一，与林隙更新有密切关系。随着林隙面积增加，更新株数总体上趋于减少（图6-11），更新株数随林隙大小，

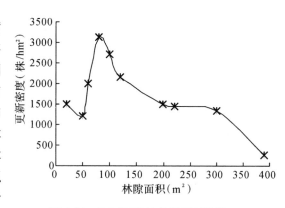

图 6-11　不同面积的林隙更新比较

呈现单峰型变化。当林隙面积 80 m^2 时，其更新密度最高，达 3125 株/hm^2。10 个林隙中，除了 2 个林隙为圆形外，其他均为椭圆形（表6-6）。8 个椭圆形林隙长、短直径比例波动于 1.27~2.84 之间，多数在 2.0 左右（表6-12）。同时，随着林隙面积增加，林隙长、短直径比例总体上趋于增大。而林隙更新株数随着林隙长、短直径比例的增大，呈单峰型变化。从表6-12看，各林隙更新幼树生长有较大差异，原因可能与林隙形成时间、大小、形状、植被以及林隙边缘树的侧生长有关，有待于进一步研究。

表6-12 林隙更新状况

林隙号	1	2	3	4	5	6	7	8	9	10
林隙面积(m^2)	220	390	300	60	50	20	200	100	80	120
林隙长、短直径比例	1.89	2.3	2.84	1.65	1.27	—	1.96	—	1.45	1.50
枯倒木数(株)	1	7	1	2	3	3	1	1	1	1
枯倒木腐烂程度	1	1~3,5	4	5,5	4,5	1,4,5	3	5	4	3
更新密度(株数/hm^2)	1455	256	1333	2000	1200	1500	1500	2700	3125	2167
幼树平均地径(cm)	2.18	2.79	1.55	0.78	1.60	1.20	2.14	1.93	1.01	1.40
幼树平均高度(cm)	2.08	2.85	1.53	1.05	2.01	1.78	1.94	2.12	1.13	1.90

6.2.7 小结

在大兴安岭调查兴安落叶松天然林林隙结构，阐述了林隙地被物变化特征。

（1）从林隙中心向外随着距林隙中心距离的增加，灌木高度和盖度呈先增加，后减小趋势。即在林隙内，随着离林隙中心距离增加，灌木高度和盖度逐渐变大。越过林隙边缘进入林内后，灌木高度和盖度随着距离增加，又逐渐变小。灌木种数呈少—多—少的变化过程。在林隙边缘地带，灌木盖度最大、种类最多。与臧润国（1999）等林隙边缘效应研究相符合。

（2）从林隙中心到林内随着距离增加，草本高度、盖度、种数趋于减小。林隙内和林内空间异质性，使得其内生长的植物做出相应反应。与臧润国（1999）、刘金福等（2003）、刘云等（2005）研究相一致。

（3）林隙形成后，林隙内微环境将发生变化（臧润国等，1998；刘金福等，2003；刘云等，2005；龙翠玲等，2005；张春雨等，2006），阳光直射到地面，地表温度明显高于林内，促进死地被物的分解和养分的循环。由于雨水直接降到土壤表面，没有树冠截留部分，因此渗入土壤的水分比较多，有利于枯枝落叶的分解。林隙内死地被物厚度比林内小。从林隙中心到林内，随着距离增加，藓类高度和盖度趋于增加，死地被物厚度和盖度也明显增加。臧润国（1999）、张春雨

（2006）等许多学者在该领域研究，均得出了相同的研究结果。

（4）枯倒木是森林生态系统中必不可少的组分之一（臧润国等，1998；罗大庆等，2002），它是森林生态系统养分循环中的一个重要环节。通过养分的分解与释放，为不同种类植物的生长和发育提供了营养。林隙的发生发展过程，即是不同树种的更新（刘金福等，2006；宋新章等，2006；2008）与填充过程（臧润国等，1999）。随着枯倒木腐烂程度的增加，林隙更新株数有增多趋势。更新株数随着林隙面积的增加，总体上趋于减少，呈现单峰型变化。关于更新株数和林隙面积关系，罗大庆（2002）等研究也得出了相似结果。但杨娟（2007）等认为，林隙大小并非影响其更新的关键因素，而土壤是制约林隙更新的重要原因。兴安落叶松天然林林隙形状多为椭圆形，其长、短直径比例波动于 1.27~2.84 之间，多数在 2.0 左右。随着林隙面积增加，林隙长、短直径比例总体上趋于增大。而林隙大小与其更新关系，可能与林隙长径方向的不同，导致林隙内光照的强度和时间差异所致。张远彬等（2006）、王彬等（2007）等研究认为，光照是影响林隙更新的主要因子。关于林隙大小、形状与其更新特征的关系以及机理性方面，需要进一步深入研究。

第 7 章
过伐林水平结构

7.1 径级结构

7.1.1 试验方法

设置 14 块方形标准地(表7-1),面积有 20m×30m、30m× 30m、30m×40m、40m×40m 等 4 种。进行每木检尺,量测其胸径、树高、枝下高等指标。对标准地 9~14 未调查 1.3m 以下的更新树种($D<5.0cm$),对大树($D\geqslant5.0cm$)进行每木检尺。将标准地按5m×5m进行网格化,将标准地按对应面积划分为 24、36、48、64 等不同数量的样方。以标准地西南角作为坐标原点,用皮尺测量各样方内的林木在标准地内的相对坐标(X,Y),X 表示东西方向坐标,Y 表示南北方向坐标。应用方差/均值比率法($V/\bar{X}$)、平均拥挤度($\bar{M}$)、聚块性指标($\bar{M}/M$)、丛生指标(I)、负二项参数(K)、Cassie 指标(CA)等6 种聚集度指标的方法共同检验(惠刚盈等,2007),求算林木空间格局。应用 Excel 软件,对数据进行计算及处理。运用 SPSS Statistics 17.0 软件,进行相关性分析及检验等数据统计分析。

在每木检尺的基础上，按不同标准地林木生长状况，以 $d = r/R$ 的公式（r 为林木胸径，R 为林分平均胸径），计算每株林木 d 值，按分级木（丁宝永等，1980；George T，1983；冯林等，1989）（1~5 级木）进行归类，统计各标准地分级木比例。分级标准：1 级木，$d \geq 1.336$；2 级木，$1.026 \leq d < 1.336$；3 级木，$0.712 \leq d < 1.026$；4 级木，$0.383 \leq d < 0.712$；5 级木，$d < 0.383$。

标准地设置

标准地调查

20 世纪 50 年代成立了内蒙古根河林业局，负责该地区林分经营、保护和管理工作。在 80 年代初主伐利用后形成的兴安落叶松过伐林。即 1982~1986 年对调查地林分进行了采伐作业，作业方式为 100m 等带间隔皆伐，间隔期 10 年，作业面积 150 hm² 左右。林型为杜鹃 - 落叶松、杜香 - 落叶松和草类 - 落叶松林交错分布。伐前林龄 120~180 年，蓄积量 80~120 m³/hm²，郁闭度 0.2~0.4，上层母树群团状分布，更新密度 1500~2400 株/hm²，幼树年龄 5~15 年，幼树组成 5 落 5 桦。20 世纪 90 年代初开始转为抚育经营。

表 7-1 标准地基本情况

标准地号	林分密度（株/hm²）	树种组成	平均胸径（cm）	平均树高（m）	蓄积量（m³/hm²）	空间格局
1	1433	5 落 3 桦 2 杨	13.6	13.2	154.70	聚集分布
2	1019	9 桦 1 落 + 杨	10.8	9.9	62.87	聚集分布
3	1994	6 桦 4 落 + 杨	8.1	9.4	58.19	聚集分布

（续）

标准地号	林分密度 （株/hm²）	树种组成	平均胸径 （cm）	平均树高 （m）	蓄积量 （m³/hm²）	空间格局
4	2238	5落5桦-杨	10.4	10.9	121.18	聚集分布
5	1983	5桦5落+杨	9.1	10.5	74.47	聚集分布
6	2775	7落3桦+杨	9.6	10.7	121.16	聚集分布
7	1750	6落3桦1杨	12.0	10.9	129.62	聚集分布
8	1425	7落3桦+杨	12.8	12.1	112.99	聚集分布
9	2556	7桦3落-杨	9.4	10.0	97.28	聚集分布
10	1367	8落2桦	12.2	10.3	96.96	均匀分布
11	2067	8落1桦1杨	11.8	10.5	148.75	聚集分布
12	1722	7落3桦-杨	12.7	11.1	152.80	聚集分布
13	2233	7落3桦	11.4	10.2	145.77	聚集分布
14	892	9落1桦-杨	15.5	10.0	146.52	聚集分布

7.1.2　径级分布

直径结构是最重要、最基本的林分结构，它直接影响着林木的树高、干形、材积和树冠等因子的变化，是制定森林经营方案的重要依据（王艳洁等，2008）。根据径级分布曲线的特点，将14块标准地直径结构分成3种类型：反"J"型分布型、左偏单峰山状分布型和基本对称的单峰山状分布型（图7-1、图7-2）。标准地1～7、11、13和14林木径级分布呈典型的反"J"型分布型；标准地8、9和12呈左偏单峰山状分布型；标准地10呈基本对称的单峰山状分布型。其中，反"J"型分布型以4径阶株数为最多；左偏单峰山状分布型的峰值出现在8径阶处；基本对称的单峰山状分布型的峰值出现在10径阶处。

标准地1(34～36径阶)、6(24～26径阶)、7(22、32～40径阶)、8(28～32径阶)、10(22径阶)和14(32径阶)径阶分布有缺失现象（图7-1、图7-2）。缺失的径阶范围为22～40径阶，以中大径木(14～36cm)为主，也有少量特大径阶木(38cm以上)。这主要是由过去采伐干扰所致。

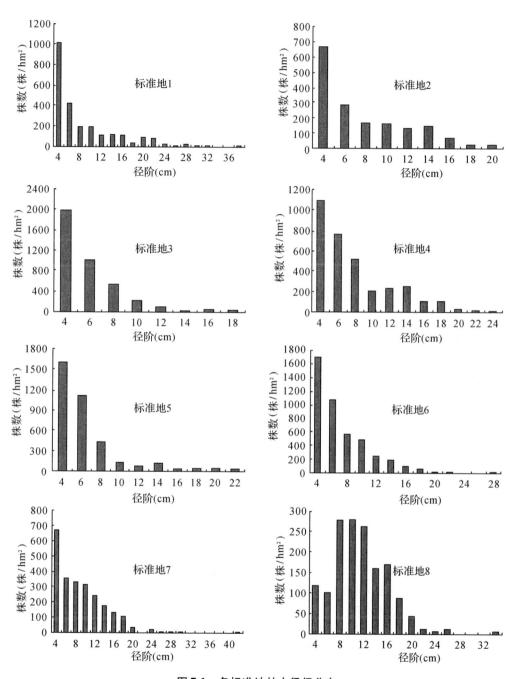

图7-1 各标准地林木径级分布

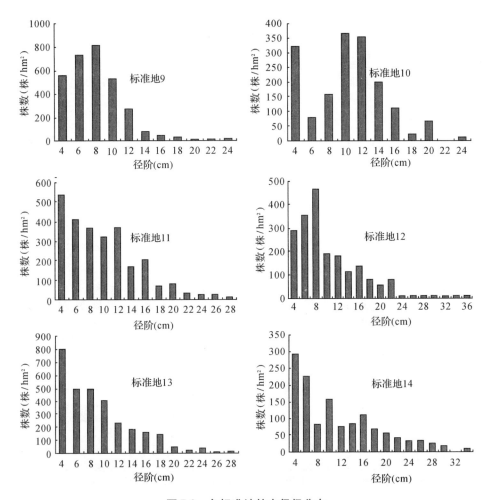

图 7-2 各标准地林木径级分布

7.1.3 林木分化

尽管各标准地林木分化程度不同，1~5 级木株数比例有较大的差异（图 7-3），但也能看出普遍的规律：各标准地 5 级木比例相对较少，除标准地 1 和 14 之外，其他标准地无 5 级木；4 级木或 3 级木比例最高，标准地 3、8、9 和 10 四块标准地 3 级木比例最高，其他 10 块标准地均 4 级木比例最高。各标准地 1~5 级木比例变幅分别为：8.7% ~ 18.7%，5.9% ~ 27.6%，16.3% ~ 47.3%，16.3%~49.6%，3.9% ~ 17.8%。平均比例分别为：14.3%，18.1%，31.4%，34.7%，10.8%。将各级木按照平均株数比例从高到低的排序为：4 级木 > 3 级木 > 2 级木 > 1 级木 > 5 级木。

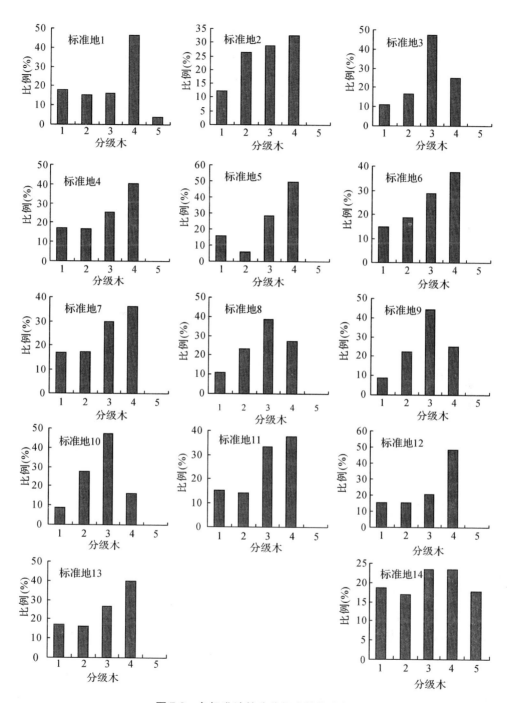

图 7-3　各标准地林分分级木株数比例

按照1级木和2级木划入优势木，3级木划入平均木，4级木和5级木划入被压木的划分方法，将上述1~5级木分为优势木、平均木和被压木3类（表7-2）。各标准地优势木、平均木和被压木株数比例范围分别为：21.8%~38.7%，16.3%~47.3%，16.3%~50.4%。平均株数比例分别为：32.4%，31.4%，36.2%。

表7-2　各标准地分级木株数比例

标准地号	优势木（%）	平均木（%）	被压木（%）
1	33.3	16.3	50.4
2	38.7	28.8	32.5
3	27.6	47.3	25.1
4	34.1	25.4	40.5
5	21.8	28.6	49.6
6	33.6	28.8	37.6
7	33.9	30.0	36.1
8	34.2	38.6	27.2
9	30.9	44.3	24.8
10	36.6	47.2	16.3
11	29.0	33.3	37.6
12	31.0	20.6	48.4
13	33.3	26.9	39.8
14	35.5	23.4	41.1
平均	32.4	31.4	36.2

7.2　林木格局

7.2.1　林分结构与林木格局关系

林分空间结构是指林木在林地上的分布格局及其属性在空间上的排列方式，也就是林木之间树种、大小、分布等空间关系，是对林分结构进行优化的重要依据（武纪成等，2008）。林分空间结构决定了树木之间的竞争势及其空间生态位，它在很大程度上决定了林分的稳定性、演替方向、发展的可能性和经营空间大小（惠刚盈等，1999；2001），也是对林分结构进行优化的重要依据。种群的空间格局是植物种群结构的基本特征之一（韩铭哲等，1993；Fueldner K，1995；徐化成，1998；惠刚盈等，1999；2004；张群等，2004）。空间分布格局是研究种群空间行为的基础，是种群生物学特征，种内与种间关系以及环境条件综合作用的结果，也是种群空间属性的重要方面。任何种群都是在空间不同位置分布的，但由于种群内个体间的相互作用及种群对环境的适应，使得同一种群在不同环境条件下呈现出不同的空间分布格局。

林分空间结构可从混交度、大小分化度和林木分布格局等3个方面（Gadow K V et al，1992；Kotar M，1993；Fueldner K，1995）加以描述。对于种间混交度和林木大小分化度，目前已有可使用的参数，但对于个体分布格局研究，目前未形成系统，其研究方法国内主要有样方法、距离法和角尺度法（Clark P J U et al，1954；关玉秀等，1992；Gleichmar W U et al，1998；惠刚盈等，1999）等。在国外，主要采用距离法中的双相关函数和基于 Ripley K - 函数的 L - 函数。描述林木空间分布的方法是评价和分析近自然森林经营的基础（Prtzsch H，2001；Aguirre O et al，2003）。目前，国内外研究主要集中在分布格局分类方法和评价（郑元润，1997；惠刚盈等，2003；2007；李明辉等，2003；周隽等，2007），而对影响分布格局因子的研究较少（李丽等，2007），尤其对兴安落叶松天然林分布格局研究甚少（徐化成等，1994）。选择大兴安岭林区常见的草类 - 落叶松林和杜香 - 落叶松林两种林型，分析不同结构兴安落叶松天然林水平分布格局特征，提出其影响因子，为天然林保护经营和抚育间伐提供理论依据。

7.2.1.1 试验方法

选择具有代表性的草类 - 落叶松林和杜香 - 落叶松林，按不同的林分因子和立地因子，设直径40m的圆形样地，在其内设9个直径为6m的样圆，相邻样圆之间距离为4m，从中央向四个方向排列。共设置16块样地（表7-3）。

表7-3 16块样地概况

样地号	林分年龄(年)	平均胸径(cm)	平均高(m)	林分密度(株/hm²)	树种组成	林型	海拔(m)	坡度(°)	坡向	坡位	土壤厚(cm)	水平格局
1	65	8.2	7.8	2792	8 落 1 桦 1 杨	草类 - 落叶松	900	10	S	下	21.0	聚集分布
2	61	14.4	9.6	315	7 落 3 杨	草类 - 落叶松	920	22	S	中	17.0	聚集分布
3	56	12.5	9.4	1533	9 落 1 桦	草类 - 落叶松	980	20	S	中	18.0	聚集分布
4	58	9.3	9.2	1062	8 落 2 桦	草类 - 落叶松	1005	25	S	中	17.0	聚集分布
5	58	15.9	8.9	865	10 落	杜香 - 落叶松	990	25	N	中	19.0	随机分布
6	63	8.7	8.1	1494	8 落 2 桦	杜香 - 落叶松	1050	30	N	上	13.5	随机分布
7	56	10.8	9.0	1533	6 落 4 桦	杜香 - 落叶松	1060	30	N	中	16.0	随机分布
8	62	12.9	9.8	1691	9 落 1 桦	杜香 - 落叶松	1030	30	N	中	15.0	随机分布
9	58	10.0	10.4	1101	7 落 3 桦	杜香 - 落叶松	910	25	NW	下	20.0	随机分布
10	36	6.1	6.8	3263	7 落 3 桦 + 杨	草类 - 落叶松	960	30	NW	中	17.0	聚集分布

（续）

样地号	林分年龄(年)	平均胸径(cm)	平均高(m)	林分密度(株/hm²)	树种组成	林型	海拔(m)	坡度(°)	坡向	坡位	土壤厚(cm)	水平格局
11	60	9.2	11.8	2241	10 落	杜香 – 落叶松	900	15	NW	下	19.0	随机分布
12	61	12.8	9.7	2045	9 落 1 桦 – 杨	草类 – 落叶松	1050	45	S	上	17.0	聚集分布
13	39	13.6	12.4	983	9 落 1 桦	草类 – 落叶松	880	5	SW	下	16.0	均匀分布
14	54	7.4	9.3	1966	6 落 4 桦	杜香 – 落叶松	930	15	SW	下	7.0	随机分布
15	48	10.1	8.7	2359	8 落 2 桦	草类 – 落叶松	950	60	E	下	18.0	聚集分布
16	42	10.0	10.1	1573	6 落 4 桦	草类 – 落叶松	850	5	SW	下	17.0	随机分布

在样地内进行每木调查，量测树高、胸径、冠幅、枝下高，调查记载标准地立地因子、林下植被、土壤等。

采用样方方法，分析兴安落叶松林木分布格局，根据其聚集系数（Clark P J U *et al*，1954；徐化成，1998）大小分为均匀分布（$0 \leq \lambda < 0.5$）、随机分布（$0.5 \leq \lambda < 1.5$）和聚集分布（$\lambda \geq 1.5$）3 种类型。数据的相关分析采用 SPSS 14.0 软件进行。

7.2.1.2　林分年龄与水平格局

为分析林分、立地因子对林木水平格局影响，将定性因子量化（表7-4）后与聚集系数进行了相关分析（表7-5）。林分平均胸径、林分密度和林型与聚集系数具显著相关。其中，平均胸径在 0.01 水平上显著，呈负相关；林型在 0.05 水平上显著，呈负相关；林分密度在 0.05 水平上显著，呈正相关。

表7-4　各定性因子的量化

因子	林型		坡向					坡位		
	草类 – 落叶松	杜香 – 落叶松	S	SW	E	NW	N	上	中	下
代表值	0	1	0	1	2	3	4	0	1	2

表7-5　聚集系数与各因子相关性分析

	林分年龄	平均胸径	平均高	林分密度	树种组成	林型	海拔	坡度	坡向	坡位	土壤厚
皮尔逊相关系数	0.0845	– 0.6257 **	– 0.3366	0.5688 *	0.0652	– 0.5607 *	– 0.0082	0.1198	– 0.4310	– 0.0271	0.4074
显著水平	0.7557	0.0095	0.2024	0.0215	0.8105	0.0239	0.9759	0.6586	0.0955	0.9207	0.1173

注：* 在 0.05 水平上显著；** 在 0.01 水平上显著；自由度为 16。

年龄 36~65 年草类 - 落叶松林，均匀分布、随机分布和聚集分布均存在。年龄 54~63 年杜香 - 落叶松林均随机分布。按样地数统计，在 16 块样地中分布格局为均匀分布样地 1 块（表 7-6），占 6.2%；同理，随机分布和聚集分布所占比例分别为 50% 和 43.8%。

年龄 36~65 年草类 - 落叶松林随着林分年龄增长，其聚集系数变化幅度大，无显著规律性（图 7-4）。当林分年龄 36~42 年时，均匀分布、随机分布和聚集分布均存在，当林分年龄大于等于 48 年时，水平格局均成为聚集分布（表 7-3）。年龄 54~63 年杜香 - 落叶松林随着林分年龄增加，其聚集系数变化幅度小，波动在 0.94 左右（图 7-5），均为随机分布。林分年龄是林分结构重要特征之一，而该两种林型兴安落叶松林水平分布格局表现出与林分年龄无直接关系。由于样地林分年龄跨度小，未形成梯度，缺少可比性，需进一步探讨。

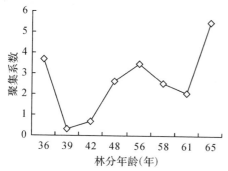 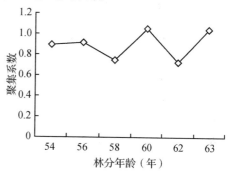

图 7-4　不同年龄草类 - 落叶松林聚集系数　　图 7-5　不同年龄杜香 - 落叶松林聚集系数

7.2.1.3　林分密度与水平格局

林分密度与聚集系数呈正相关关系（表 7-5）。但因林型的不同，林分密度对林木分布格局的影响不同（图 7-6、图 7-7）。草类 - 落叶松林随着林分密度增加，其聚集系数变幅较大（图 7-6）。密度 983 株/hm²、1573 株/hm²、3263 株/hm² 时，分别出现拐点是由林分年龄（其年龄分别为 39，42，36）与其他密度的林分年龄有较大差距所致，但总体上呈增加趋势（图 7-6，表 7-3）。如林分年龄 56~61 年范围内，样地 2、3、4、12 坡向为南坡，坡位中上坡，立地条件大致相同，但密度从 315 株/hm² 增加到 2045 株/hm² 时，聚集系数从 1.61 增加到 2.04；如林分年龄 39~48 年范围内，样地 13、15、16 坡向为半阴半阳坡，坡位为下坡，立地条件相同，林分密度从 983 株/hm² 增加到 2359 株/hm² 时，聚集系数相继从 0.3 增大到 2.61。同理，样地 1、2、12 和样地 1、13、16 均有相似规律。当林分密度大于 2000 株/hm² 时，分布格局均为聚集分布。

杜香－落叶松林随着林分密度增加，其聚集系数波动在 0.94 左右（图 7-7）。如样地 5、6、7、8、9、11、14，林分密度从 865 株/hm² 增大到 2241 株/hm² 时，聚集系数由 1.19 变为 1.05，仅相差 0.14（表 7-3，图 7-7）。

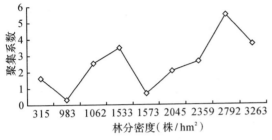

图 7-6 不同密度草类－落叶松林聚集系数   图 7-7 不同密度杜香－落叶松林聚集系数

7.2.1.4 林型与水平格局

按林型分，年龄 36~65 年的草类－落叶松林林木分布格局中，均匀分布样地数 1 块（表 7-6），随机分布 1 块，聚集分布 7 块，所占比例分别为 11.1%、11.1% 和 77.8%。

年龄 54~63 年杜香－落叶松林林木分布格局中，均匀分布和聚集分布样地数均为 0，随机分布 7 块，所占比例分别为 0，0 和 100%（表 7-6）。

林型是大兴安岭林区森林群落重要特征之一。兴安落叶松林在不同林型间水平分布格局有所不同（表 7-6）。草类－落叶松林型以聚集分布为主，杜香－落叶松林型以随机分布为主。如样地 4 和 9 林分年龄相同，密度相近，但分布格局表现为聚集分布和随机分布；再如样地 3 和 7 林分年龄和密度相同，但分布格局分别表现为聚集分布和随机分布。林型是影响分布格局因子之一，可能与两种林型地理分布有关。草类－落叶松林型主要分布在阳坡或半阳坡，而杜香－落叶松林型主要分布在阴坡或半阴坡（表 7-3）。

表 7-6 不同林型水平格局样地数统计

林型	不同分布格局样地数			合计
	均匀分布	随机分布	聚集分布	
草类－落叶松	1	1	7	9
杜香－落叶松	0	7	0	7
（合计）	1	8	7	16

7.2.1.5 树种组成与水平格局

表7-7显示，树种组成为6落4阔至10落的草类–落叶松林和杜香–落叶松林林木分布格局主要为聚集分布和随机分布两种类型。当树种组成9落1阔时，4块样地中，均匀分布样地1块占25%。当其他树种组成时，均匀分布样地数为0。同理，在不同树种组成的林分分布格局中，随机分布样地数所占比例均大于等于25%。聚集分布主要集中在树种组成7落3阔至9落1阔范围内，所占比例均大于等于50%。

表7-7 不同树种组成的林分水平格局样地数统计

分布格局	不同树种组成样地数					合计
	6落4阔	7落3阔	8落2阔	9落1阔	10落	
均匀分布	0	0	0	1	0	1
随机分布	3	1	1	1	2	8
聚集分布	0	2	3	2	0	7
（合计）	3	3	4	4	2	16

不同树种组成草类–落叶松林和杜香–落叶松林，其分布格局不同（表7-8、表7-9）。树种组成在6落4阔至9落1阔范围内的草类–落叶松林3种分布格局均存在。在不同树种组成中，聚集分布普遍存在（表7-8）。

表7-8 不同树种组成草类–落叶松林林木分布格局样地数统计

分布格局	不同树种组成样地数							合计
	6落4桦	7落3桦+杨	7落3杨	8落1桦1杨	8落2桦	9落1桦	9落1桦–杨	
均匀分布	0	0	0	0	0	1	0	1
随机分布	1	0	0	0	0	0	0	1
聚集分布	0	1	1	1	2	1	1	7
（合计）	1	1	1	1	2	2	1	9

树种组成在6落4阔至10落范围内的杜香–落叶松林林木分布格局全为随机分布（表7-9）。兴安落叶松林相同树种组成的林分分布格局特征主要受密度和林型影响。如样地3和8、样地4和6树种组成相同，由于林型不同，导致分布格局不同；再如样地2和9，树种组成相同，由于林分密度的不同，其分布格局也不同（表7-3）。

表 7-9　不同树种组成杜香－落叶松林林木分布格局样地数统计

分布格局	不同树种组成样数					合计
	6 落 4 桦	7 落 3 桦	8 落 2 桦	9 落 1 桦	10 落	
均匀分布	0	0	0	0	0	0
随机分布	2	1	1	1	2	7
聚集分布	0	0	0	0	0	0
合计	2	1	1	1	2	7

7.2.1.6　立地条件与水平分布格局

立地条件对林木分布格局有一定影响。如样地 3 和 7，年龄和密度相同，由于坡度、坡向、土壤厚度不同，导致了分布格局的不同（表 7-3）。同理，样地 4 和 9、样地 11 和 12（表 7-3）。

不同立地条件的兴安落叶松林分布格局受林型影响明显（图 7-8 至图 7-11）。不同坡向的草类－落叶松林及杜香－落叶松林聚集系数的变化无明显规律（图 7-8、图 7-10）。随土壤厚度增加，草类－落叶松林聚集系数呈增大趋势（图 7-9）。且聚集分布主要分布在土壤厚度大于等于 17cm 的林分中（图 7-9）。不同土壤厚度的杜香－落叶松林聚集系数无明显规律，波动在 0.94 左右（图 7-11）。

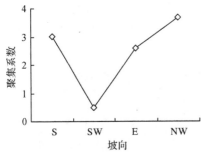

图 7-8　不同坡向草类－落叶松林
聚集系数

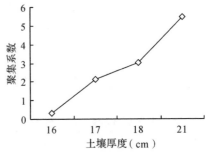

图 7-9　不同土壤厚度草类－落叶松林
聚集系数

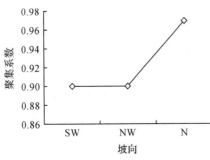

图 7-10　不同坡向杜香－落叶松林
聚集系数

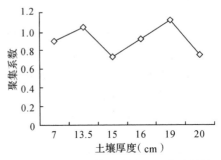

图 7-11　不同土壤厚度杜香－落叶松林
聚集系数

7. 2. 1. 7 小结

通过样地调查，分析了不同结构草类－落叶松林和杜香－落叶松林林木分布格局特征。

（1）年龄 36~65 年草类－落叶松林和年龄 54~63 年杜香－落叶松林林木分布格局中，均匀分布、随机分布和聚集分布所占比例分别为 6.2%、50%、43.8%。

年龄 36~65 年草类－落叶松林随着林分年龄增长，其聚集系数变化幅度大，无显著规律性。当林分年龄 36~42 年时，均匀分布、随机分布和聚集分布均存在，当林分年龄大于等于 48 年时，水平格局均成聚集分布。年龄 54~63 年杜香－落叶松林随着林分年龄增加，其聚集系数波动在 0.94 左右。林分年龄是林分结构重要特征之一，而该两种林型兴安落叶松林水平分布格局表现出与林分年龄无直接关系，与徐化成（1994）等人研究不同。由于样地林分年龄跨度小，未形成梯度，缺少可比性，需进一步探讨。

（2）林分密度与聚集系数呈正相关关系。但因林型的不同，林分密度对林木分布格局的影响不同。密度在 315~3263 株/hm² 范围内的草类－落叶松林，随着林分密度增加，其聚集系数总体上呈增加趋势。当林分密度大于 2000 株/hm² 时，分布格局均为聚集分布。密度在 865~2241 株/hm² 范围内的杜香－落叶松林随着林分密度增加，其聚集系数波动在 0.94 左右。

（3）草类－落叶松林林木分布格局以聚集分布为主，均匀分布和随机分布均占 11.1%，聚集分布占 77.8%。杜香－落叶松林林木分布格局以随机分布为主，均匀分布和聚集分布均为 0，随机分布占 100%。

（4）树种组成在 6 落 4 阔至 10 落范围内，草类－落叶松林和杜香－落叶松林分布格局主要为聚集分布和随机分布两种类型。其中，随机分布所占比例均大于等于 25%；聚集分布主要集中在树种组成 7 落 3 阔至 9 落 1 阔范围内，且所占比例均大于等于 50%。不同树种组成的草类－落叶松林和杜香－落叶松林其分布格局不同，草类－落叶松林 3 种分布格局均存在，但在不同树种组成中，聚集分布普遍存在。而杜香－落叶松林分布格局全部为随机分布。

（5）随土壤厚度增加，草类－落叶松林聚集系数呈增大趋势。聚集分布主要分布在土壤厚度大于等于 17 cm 的林分中。不同土壤厚度的杜香－落叶松林聚集系数波动在 0.94 左右。

7. 2. 2 更新幼树格局

天然更新是一种低投入、高产出的森林培育方式（Moktan M R *et al*，2009）。林下更新植被是维系整个森林生态系统植被多样性的重要组分（D'Amato A W *et al*，2009）。天然更新是使林分结构趋于优化和发挥功能的重要保证。当前，越来越重视天然林结构与功能关系及结构优化的情况下，对更新机制与更新格局的研究已成焦点。从天然林更新中力求探索出规律，用于林分结构优化和近自然经营，这是目前待解决的课题之一。混交林更新除了立地、人为干扰之外，还受种间关系影响。徐鹤忠等（2006）认为，影响兴安落叶松有效更新株数的主要因子是土壤厚度、采伐类型和树种组成，兴安落叶松在树种组成中比例越大，更新株数越高。兴安落叶松天然更新的出苗更新频率在种子年当年可达到60%，种源是决定天然更新的一个重要条件（徐振邦等，1994）。符婵娟等（2009）认为，植物天然更新受环境条件、自然干扰和人为干扰，以及更新树种的特性及其与周围树种的关系等影响。天然林大多幼苗和幼树集中生长在母树周围，呈集群分布特征（韩铭哲，1994；郑丽凤等，2008）。混交林的更新往往与纯林不同而且复杂得多，尤其过伐混交林更加复杂。混交更有利于林分更新。毛磊等（2008）认为，樟子松天然林更新幼树分布与大树位置以及树种组成结构有关，其更新与阔叶树关系密切。不同结构的林分或相同结构林分的不同树种下幼树的更新情况不同。樟子松阔叶树混交林更新情况明显优于樟子松纯林，且同一林分内阔叶树下的幼树更新情况明显优于樟子松大树下的幼树。天然樟子松针阔混交林下，樟子松幼树多分布在阔叶树周围4m范围内。曾德慧等（2002）也认为，阔叶树下更新是樟子松林天然更新的主要形式之一。康冰等（2011）认为，在油松次生林木本植物更新过程中，乔木和灌木母树的分布及结实率尤为重要。兴安落叶松天然更新的出苗更新频率在种子年当年可达到60%，种源是决定天然更新的一个重要条件（徐振邦等，1994）。

更新幼树格局是研究林分演替、结构与功能的重要依据。如何相对确定落种更新位置和范围，人工补植位置是否合理等方面，仍须深入探讨更新格局、更新位置与大树位置的关系。兴安落叶松主要树种对更新相互影响的研究基本空白。以中幼龄兴安落叶松和白桦过伐混交林为研究对象，揭示不同结构过伐林更新的数量、垂直结构、分布格局与胸径 $D \geq 10cm$ 林木分布的关系，可为进一步研究过伐林演替规律，为过伐林人工辅助更新、结构调整提供理论依据和技术支撑。

7.2.2.1　试验方法

设置8块方形标准地（表7-10），面积20m×30m、30m×30m、40m×40m等，进行每木检尺。调查标准地内更新树种（ $D < 5cm$ ）的高度、分布格局以及每一种株数等。将标准地按5m×5m进行网格化，分割成若干个小样方，上述3种面积的标准地相对应地被划分为24、36、64个样方。以标准地西南角作为坐标原点，用皮尺测量每株树木在该标准地内的相对坐标（ X, Y ），X 表示东西方向

坐标，Y 表示南北方向坐标。应用方差/均值比率法（$V/\bar{X}$）、平均拥挤度（$\bar{M}$）、聚块性指标（$\bar{M}/M$）、丛生指标（I）、负二项参数（K）、Cassie 指标（CA）等 6 种聚集度指标的方法共同检验（惠刚盈等，2007），求算林木空间格局。应用 Excel 软件，对数据进行计算及处理。运用 SPSS Statistics 17.0 软件，进行相关性分析以及检验等数据统计分析。

每木调查

表7-10　标准地基本情况

标准地号	面积（m²）	平均胸径（cm）				林分高（m）	密度（株/hm²）	树种组成	更新密度（株/hm²）	更新树种比例（%）			D ≥10cm 株数
		林分	白桦	落叶松	山杨					落叶松	白桦	山杨	
1	30×30	13.6	14.7	12.3	17.0	13.2	1433	5 落 3 桦 2 杨	1256	49.6	31.0	19.5	71
2	40×40	10.8	11.1	8.0	16.5	9.9	1019	9 桦 1 落 + 杨	3675	20.7	76.6	2.7	77
3	40×40	8.1	7.6	9.0	7.2	9.4	1994	6 桦 4 落 + 杨	4788	36.5	62.2	1.4	50
4	40×40	10.4	12.2	9.2	15.1	10.9	2238	5 落 5 桦 − 杨	2925	59.0	39.3	1.7	135
5	20×30	9.1	7.6	12.7	7.3	10.5	1983	5 桦 5 落 + 杨	3150	27.3	71.6	1.1	23
6	40×40	9.6	11.5	8.8	13.7	10.7	2775	7 落 3 桦 + 杨	3713	92.7	7.1	0.2	144
7	40×40	12.0	12.9	11.3	15.8	10.9	1750	6 落 3 桦 1 杨	1475	46.8	35.9	17.3	143
8	40×40	12.8	13.7	12.4	15.1	12.1	1425	7 落 3 桦 + 杨	1069	14.1	72.9	12.9	151

依据大于平均木的林木比小于平均木的林木的结实率要大得多（罗菊春，1979）的原则，选择影响林分更新的对象。8 块标准地林分平均胸径 8.1 ~ 13.6cm。其林分、白桦、落叶松和山杨平均胸径分别为：10.8cm，11.4cm，10.5cm，13.5cm。同时考虑 $D \geqslant 10$cm 中龄林木具有结实量大、丰产的可能性高。所以选择大于等于林分平均胸径的 $D \geqslant 10.0$cm 落叶松、$D \geqslant 10.0$cm 白桦和 $D \geqslant 10.0$cm 山杨，对其相对坐标与更新幼树相对坐标进行双变量相关性分析，采用 Pearson 相关系数，进行双侧显著性检验。具体方法：将落叶松、白桦和山杨幼树的坐标（X，Y）分别与 $D \geqslant 10.0$cm 落叶松、$D \geqslant 10.0$cm 白桦和 $D \geqslant 10.0$cm 山杨的坐标（X，Y）进行相关性分析。变量 1 数值是由幼树横坐标和纵坐标组成，变量 2 数值是由 $D \geqslant 10$cm 林木横坐标和纵坐标组成。

7.2.2.2 更新垂直分布

更新树种主要是兴安落叶松、白桦和山杨3种。各标准地更新密度、更新幼树株数比例有较大差异。更新幼树株数与树种组成直接有关。随着各树种在树种组成中的成数增加，其更新株数比例也增加（表7-10），这与种源有关。但8号标准地尽管白桦成数不高，但其更新株数比例较高。这主要是林分整体更新较差，与林分结构有关系。

在林分更新层中，由上而下垂直分布分别为白桦、兴安落叶松和山杨，更新高度具有明显阶梯性。白桦、兴安落叶松和山杨幼树平均树高占林分高的比例最高分别达75.0%、72.8%、61.9%；最低分别达13.7%、12.8%、27.8%（图7-12）。山杨幼树的树高变动范围较小，其最高树高低于兴安落叶松和白桦，而最低高度较兴安落叶松和白桦高（图7-12）。3种树种的生态学和生物学特征导致了更新垂直格局。

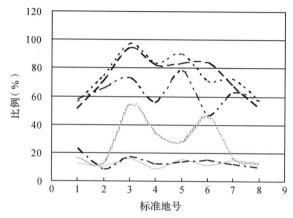

图 7-12 各标准地不同幼树树高占林分平均高比例

白桦和山杨高生长较兴安落叶松明显快。但山杨属于阳性树种，在光照不足情况下更新生长较差。而兴安落叶松在更新阶段要求一定的庇荫条件（韩铭哲，1994），耐阴性较好，保持良好的生存能力。

7.2.2.3 更新格局

8块标准地林分林木和更新幼树总体分布格局均呈聚集分布（表7-11）。与很多研究得出的林分主要树种更新幼苗的空间格局均为聚集分布（赵惠勋等，1987；毛磊等，2008；郑丽凤等，2008；杨晓晖等，2008；乌吉斯古楞等，2009；李婷婷等，2009）相一致。聚集分布格局满足了兴安落叶松幼苗的生长需要，可以群聚的形式来增强对其他植物种竞争的

林分天然更新

表 7-11　各标准地林分林木和更新幼树空间格局

标准地号	项目	空间格局参数						空间格局
		$V/\bar{X}$	$\bar{M}$	$\bar{M}/M$	I	K	CA	
1	林分林木	2.29	9.15	1.16	1.29	6.09	0.16	聚集分布
	更新幼树	2.23	4.37	1.39	1.23	2.55	0.39	聚集分布
2	林分林木	4.56	15.73	1.29	3.56	3.42	0.29	聚集分布
	更新幼树	5.65	13.84	1.51	4.65	1.98	0.51	聚集分布
3	林分林木	3.96	20.62	1.17	2.96	5.95	0.17	聚集分布
	更新幼树	3.90	14.86	1.24	2.90	4.13	0.24	聚集分布
4	林分林木	3.43	15.55	1.19	2.43	5.40	0.19	聚集分布
	更新幼树	3.53	9.84	1.35	2.53	2.89	0.35	聚集分布
5	林分林木	2.58	14.83	1.12	1.58	8.39	0.12	聚集分布
	更新幼树	3.58	10.46	1.33	2.58	3.05	0.33	聚集分布
6	林分林木	7.74	24.65	1.38	6.74	2.66	0.38	聚集分布
	更新幼树	6.12	14.40	1.55	5.12	1.81	0.55	聚集分布
7	林分林木	2.48	9.83	1.18	1.48	5.66	0.18	聚集分布
	更新幼树	1.84	4.51	1.23	0.84	4.38	0.23	聚集分布
8	林分林木	1.61	7.01	1.09	0.61	10.53	0.09	聚集分布
	更新幼树	2.98	4.65	1.74	1.98	1.35	0.74	聚集分布

能力。林分林木和各更新树种分布格局表现相对一致。其中，落叶松和白桦更新幼树格局均为聚集分布。而5、6号标准地山杨更新幼树呈均匀分布，主要原因是这两块标准地山杨更新幼树很少，分别仅2株和1株（表7-12）。

　　林分林木和更新幼树格局参数具有相关性，林分林木 $V/\bar{X}$、$\bar{M}$、$\bar{M}/M$、I、CA 等5个参数与更新幼树 $V/\bar{X}$、$\bar{M}$、I 等3个参数呈正相关（表7-13）。尤其更新幼树 $V/\bar{X}$ 和 I 等2个指标与林分5个指标均有相关性。原因是林分林木整体格局包含了更新幼树的格局，在各个样方内的林木株数和其相互差异性确定了林木格局，也影响了更新幼树的格局。林分更新密度与林分林木和更新幼树的格局有相关关系，与更新幼树 $V/\bar{X}$、$\bar{M}$、I 等3个指标和林分 $\bar{M}$ 指标均呈正相关（表7-14）。说明，更新幼树的格局不仅受林分更新株数影响，也受林木格局的影响。$V/\bar{X}$、$\bar{M}$、I 等指标计算公式中均含有林木的平均株数和方差两个关键因子。当更新幼树株数增加时，这两个因子的数值也随之变化。

表 7-12　各标准地不同更新幼树空间格局

标准地号	树种	空间格局参数						空间格局
		$V/\bar{X}$	$\bar{M}$	$\bar{M}/M$	I	K	CA	
1	落叶松	1.98	2.54	1.63	0.98	1.59	0.63	聚集分布
	白　桦	2.48	2.46	2.53	1.48	0.65	1.53	聚集分布
	山　杨	4.30	3.91	6.40	3.30	0.19	5.40	聚集分布
2	落叶松	5.62	6.43	3.55	4.62	0.39	2.55	聚集分布
	白　桦	5.63	11.35	1.69	4.63	1.45	0.69	聚集分布
	山　杨	1.70	0.93	3.98	0.70	0.34	2.98	聚集分布
3	落叶松	4.59	7.35	1.95	3.59	1.05	0.95	聚集分布
	白　桦	2.82	8.24	1.28	1.82	3.54	0.28	聚集分布
	山　杨	2.41	1.56	11.06	1.41	0.10	10.06	聚集分布
4	落叶松	2.10	5.37	1.26	1.10	3.86	0.26	聚集分布
	白　桦	5.71	7.55	2.65	4.71	0.60	1.65	聚集分布
	山　杨	7.88	7.00	56.00	6.88	0.02	55.00	聚集分布
5	落叶松	3.12	4.20	2.02	2.12	0.98	1.02	聚集分布
	白　桦	3.77	8.23	1.51	2.77	1.97	0.51	聚集分布
	山　杨	0.92	0.00	0.00	-0.08	-1.00	-1.00	均匀分布
6	落叶松	6.64	14.24	1.66	5.64	1.52	0.66	聚集分布
	白　桦	2.53	2.19	3.34	1.53	0.43	2.34	聚集分布
	山　杨	0.98	0.00	0.00	-0.02	-1.00	-1.00	均匀分布
7	落叶松	2.78	3.46	2.05	1.78	0.95	1.05	聚集分布
	白　桦	2.35	2.65	2.04	1.35	0.96	1.04	聚集分布
	山　杨	1.53	1.15	1.84	0.53	1.19	0.84	聚集分布
8	落叶松	1.63	1.00	2.67	0.63	0.60	1.67	聚集分布
	白　桦	3.01	3.95	2.04	2.01	0.96	1.04	聚集分布
	山　杨	1.57	0.91	2.64	0.57	0.61	1.64	聚集分布

表 7-13　林分林木与更新幼树空间格局参数相关性分析

林分林木	更新幼树	R^2	P	N
$V/\bar{X}$	$V/\bar{X}$	0.861**	0.006	8
$V/\bar{X}$	$\bar{M}$	0.762*	0.028	8
$V/\bar{X}$	I	0.861**	0.006	8
$\bar{M}$	$V/\bar{X}$	0.792*	0.019	8
$\bar{M}$	$\bar{M}$	0.916**	0.001	8
$\bar{M}$	I	0.792*	0.019	8

（续）

林分林木	更新幼树	R^2	P	N
$\bar{M}/M$	$V/\bar{X}$	0.799*	0.017	8
$\bar{M}/M$	I	0.799*	0.017	8
I	$V/\bar{X}$	0.861**	0.006	8
I	$\bar{M}$	0.762*	0.028	8
I	I	0.861**	0.006	8
CA	$V/\bar{X}$	0.799*	0.017	8
CA	I	0.799*	0.017	8

注："＊"表示0.05水平上显著，"＊＊"表示0.01水平上显著；N表示标准地数。

表7-14　更新密度与林分林木、更新幼树空间格局相关性分析

项目	幼树空间格局指标			林分林木空间格局指标
	$V/\bar{X}$	$\bar{M}$	I	$\bar{M}$
R^2	0.717*	0.973**	0.717*	0.888**
P	0.045	0.000	0.045	0.003
N	8	8	8	8

注：＊表示0.05水平上显著，＊＊表示0.01水平上显著；N表示标准地数。

7.2.2.4　与 $D \geqslant 10\text{cm}$ 林木关系

林下更新位置和格局受 $D \geqslant 10\text{cm}$ 林木影响（表7-15、表7-16）。更新幼树与 $D \geqslant 10\text{cm}$ 林木位置的相关性关系在8块标准地中均有所体现（表7-15）。其中，$D \geqslant 10\text{cm}$ 落叶松和白桦更新位置关系较普遍，共有7块标准地。2号标准地是白桦纯林，不存在两者相关关系。$D \geqslant 10\text{cm}$ 落叶松与落叶松、山杨更新位置有相关性关系的标准地数分别为：3块和1块。$D \geqslant$ 10cm白桦与落叶松、白桦、山杨更

兴安落叶松林天然更新

新位置相关性关系的标准地数分别为：3、2和1块。$D \geqslant 10\text{cm}$ 山杨与落叶松更新位置有相关性关系的标准地仅有2块，与白桦和山杨更新位置无相关关系（表7-15），这与在树种组成中杨树成数较少的缘故（表7-10）。兴安落叶松以种子更

表 7-15 $D \geqslant 10\text{cm}$ 林木与更新幼树位置相关性分析

标准地号	$D \geqslant 10\text{cm}$ 林木	更新幼树	R^2	P	N
1	落叶松	落叶松	-0.268*	0.023	72
	落叶松	白桦	0.534**	0.000	70
2	白桦	落叶松	-0.411**	0.000	138
	白桦	山杨	0.430*	0.018	30
	白桦	白桦	0.300**	0.000	138
3	落叶松	白桦	-0.306*	0.014	64
4	白桦	白桦	0.391**	0.000	136
	落叶松	白桦	0.431**	0.000	130
	落叶松	山杨	0.895**	0.000	16
5	落叶松	白桦	0.787**	0.000	28
6	落叶松	落叶松	0.338**	0.000	168
	山杨	落叶松	0.841*	0.036	6
	落叶松	白桦	0.346**	0.001	84
	白桦	落叶松	-0.290**	0.002	114
7	落叶松	落叶松	0.320**	0.000	176
	山杨	落叶松	-0.564*	0.023	16
	落叶松	白桦	0.643**	0.000	166
	白桦	落叶松	-0.325**	0.002	92
8	落叶松	白桦	0.507**	0.000	208

注：*表示0.05水平上显著；**表示0.01水平上显著；N表示$D \geqslant 10\text{cm}$林木株数。

新为主，而白桦萌生枝条比较多（徐鹤忠等，2006）。从相关性分析结果看，$D \geqslant$ 10cm落叶松与落叶松更新位置有正相关也有负相关关系，如标准地6和7呈正相关。而标准地1呈负相关，这可能与样本数量少有关。标准地1更新密度较小，且落叶松比例仅49.2%（表7-10），$D \geqslant 10\text{cm}$落叶松株数仅27株，种内关系表现可能还与距离有关系。而$D \geqslant 10\text{cm}$白桦与白桦更新位置呈正相关，如标准地2和4，这是与白桦萌芽更新有关系。$D \geqslant 10\text{cm}$白桦与落叶松更新位置呈负相关，如标准地2、6、7，白桦萌生枝条影响落叶松种子接触土壤，阻碍落叶松的更新。反之，$D \geqslant 10\text{cm}$落叶松与白桦更新位置呈正相关为主，如标准地1、4~8。但标准地3的$D \geqslant 10\text{cm}$落叶松与白桦更新位置呈负相关，这与更新密度较大且以白桦为主，而$D \geqslant 10\text{cm}$林木数量少（落叶松仅32株）（表7-10），因此两者距离范围可能影响了相关关系。落叶松种子具有一定飞散能力（罗菊春，1979；韩铭哲，1994；曲晓颖等，2002），一定程度上具有更新位置的不确定性和灵活性的特点，这为白桦的更新腾出缝隙，有利于其萌芽。因此，$D \geqslant 10cm$ 落叶松对白桦更新具有促进、庇护的作用。

$D \geqslant 10cm$ 林木格局一定程度上也影响更新幼树分布格局。经 $D \geqslant 10cm$ 林木与更新幼树 6 种空间格局参数的相关性分析，$D \geqslant 10cm$ 林木 K 指标与更新幼树的 $V/\bar{X}$、I 等 2 个格局指标呈正相关关系，均在 0.05 水平上显著（$R^2 = 0.735$，$P = 0.038$）（表7-16）。而其他分布格局指标无显著相关关系。说明，$D \geqslant 10cm$ 林木数量及其样方间株数差异也将影响更新幼树格局。

表7-16　$D \geqslant 10cm$ 林木与更新幼树空间格局参数相关性分析

$D \geqslant 10cm$ 林木	更新幼树	R^2	P	N
K	$V/\bar{X}$	0.735 *	0.038	8
K	I	0.735 *	0.038	8

注：* 表示 0.05 水平上显著。

7.2.2.5　小结

天然更新是森林演替的重要动力，而更新动态与树种、环境及人为干扰有关。由于受研究方法和研究条件的限制，林分更新动态研究在方法和深度上均存在一定的不足。尤其是在天然更新动力不足，必须辅以一定的人工干预的林分，更新幼树格局及其形成的机制如何，是评价天然更新过程与范围的重要基础，也是辅助人工更新措施制定的重要依据，具有重要理论价值与实践意义。

更新格局将决定未来林分树种组成、年龄、演替、林相等林分结构。也涉及到林分功能发挥。对兴安落叶松过伐林的林木相对坐标进行相关性分析后发现，$D \geqslant 10cm$ 的林木对更新位置和格局有显著影响。采用 6 种聚集度指标检验后发现，兴安落叶松中幼龄过伐林的林分林木和更新幼树分布格局均呈聚集分布。聚集分布格局会满足幼苗的生长需要，可以群聚的形式来增强对其他植物种竞争的能力（韩铭哲，1994）。林分聚集分布有利于林分更新（玉宝等，2009）。在林分更新层，由上而下垂直分布分别为白桦、落叶松和山杨，更新高度具有明显阶梯性。平均高占林分高的比例变化为：13.7%～75.0%，12.8%～72.8%，27.8～61.9%。利用各树种生物学和生态学特性，优化格局可提高垂直空间的利用率。尽管对林分种子年等情况未进行连续观测，但从更新幼树位置来判断，与 $D \geqslant 10cm$ 林木位置、分布格局等有紧密关系。更新幼树的格局不仅受林分更新株数影响，也受林木格局的影响。各样方内林木平均株数和其差异性直接影响林木格局。落叶松、白桦、山杨种间关系中，落叶松和白桦相互影响明显，尤其落叶松对白桦更新的影响较突出。但两者对更新格局的相互影响完全不同。$D \geqslant 10\text{cm}$ 白桦对落叶松的更新有抑制作用，而 $D \geqslant 10\text{cm}$ 落叶松对白桦更新具有促进作用。种间关系影响可能与距离范围有关系，这一方面需进一步探讨。

在今后过伐林的经营中，应将空间格局向随机分布调整，降低聚集系数。可通过调整 $D \geqslant 10\text{cm}$ 林木格局来调控更新格局，优化林分结构，尤其调整空间格局 K 指标来控制林分更新格局等。但本项研究难以揭示林木格局与林龄关系以及林分更新相对年龄机制，需要进一步深入研究。人工辅助更新时，考虑 $D \geqslant 10\text{cm}$ 林木位置，距其 10m 范围的样方中央设 $1\text{m} \times 1\text{m}$ 的小样方掀开枯枝落叶层，以便种子接触土壤。人工补植时，补植位置是关键，应灵活布置，可见缝插针。必须考虑 $D \geqslant 10\text{cm}$ 林木位置和格局，尽量选择枯枝落叶层较厚，林木种子难以接触土壤的地点（如离 $D \geqslant 10\text{cm}$ 林木距离 >10m 时），避免与具有潜在天然更新能力的位置范围要重叠。把天然更新、人工辅助更新和人工补植有机结合，调控林分结构，节省成本，有效促进林分更新，使林分结构更趋合理性。

采伐方式对更新有影响（韩景军等，2000；徐鹤忠等，2006）。择伐强度不同，幼树幼苗集聚程度呈不同的变化趋势。不同种群在不同强度的择伐标准地集聚程度表现不同（郑丽凤等，2008）。李婷婷等（2009）认为，金沟岭林场主要森林类型幼苗幼树的分布格局均为聚集分布，聚集程度由强到弱为：过伐林 > 人天混落叶松林 > 原始林。本项研究缺乏过伐林过去经营方式和措施资料，对过去的采伐经营对更新的影响未进行分析，有待于深入研究。

7.2.3 枯立木格局

枯立木是森林生态系统物质循环（唐旭利等，2005；Christopher M et al，2007）不可或缺的重要组成部分，为林分更新提供场所（Woldendorp G et al，2005）。与林火干扰有关联（Bigler C et al，2011），与林分结构和功能有着密切关系（Beets P N et al，2008；何东进等，2009），对林分结构与功能具有重要作用。过去主要以粗木质残体（coarse woody debris，CWD）形式对枯立木（standing dead trees，STD）的研究屡见不鲜。CWD 是森林生态系统中重要的结构性和功能性组成要素（Harmon M E et al，1986）。在国外，20 世纪 60 年代就开始了相关研究。并以 CWD 功能研究（Woldendorp G et al，2005；Schlegel B C et al，2008；Brin A et al，2008；Pesonen A et al，2009）为主。国内在这方面的研究起步较晚，20 世纪 80 年代开始开展了相关研究。以围绕 CWD 数量特征（何帆等，2011；王飞等，2012；安云等，2012）和存在形式研究（罗大庆等，2004；金光泽等，2009）为主。对分布格局（安云等，2012；邓云等，2012）研究较少，尤其对 CWD 发生的生态学现象和分布规律等仍未得到合理揭示（金光泽等，2009；刘妍妍等，2009；

2010）。目前，国内对于 CWD 的研究尚处于起步阶段（刘志华等，2009），对枯立木的研究仍处于初级阶段（邓云等，2012）。对 CWD 定义尚不统一（刘志华等，2009，何帆等，2011；张秋良等，2013），将枯立木既能划入 CWD（Webster C R et al，2005；刘妍妍等，2009），也能划入细木质残体（fine woody debris，FWD）（金光泽等，2009；何帆等，2011），将其成为两者的重要组成部分。

STD 包含于 CWD，但具有它独特的特点和功能。目前对枯立木树种组成、径级结构和生物量等以基本特征方面研究居多（安云等，2012）。而且包含 STD 的 CWD 和 FWD 相关研究，随林分起源、龄级和人为干扰等情况，具有多样性（刘志华等，2009；安云等，2012）。目前，对大兴安岭地区枯立木的研究相对较少（刘志华等，2009；王飞等，2012；张秋良等，2013），而且以数量特征等基础性研究为主。专门针对兴安落叶松过伐林枯立木研究未见报道，对枯立木格局特征及其主要成因的研究尚属空白。对枯立木形成机制研究是该领域研究的难点。以兴安落叶松过伐林为研究对象，分析枯立木数量特征和分布格局，探讨枯立木出现位置与林木分布格局和其他林木位置相互关系及影响机制。旨在为过伐林结构优化经营，提供技术参考。对进一步了解和研究过伐林林木竞争、自然稀疏和群落演替过程具有重要意义。

7.2.3.1 试验方法

设置 8 块方形标准地（表 7-17），面积 20m × 30m、30m × 30m、40m × 40 m 等，进行每木检尺。调查标准地内更新树种（$D < 5.0$ cm）、大树（$D \geqslant 5.0$ cm）和枯立木的胸径、树高、分布格局以及每一种株数等。以标准地西南角作为坐标原点，用皮尺测量每株树木在该标准地内的相对坐标（X，Y），X 表示东西方向坐标，Y 表示南北方向坐标。应用方差/均值比率法（$V/\bar{X}$）、平均拥挤度（$\bar{M}$）、聚块性指标（$\bar{M}/M$）、丛生指标（I）、负二项参数（K）、Cassie 指标（CA）等 6 种聚集度指标（惠刚盈等，2007）检验林木分布格局。公式及判别标准：

①$V/\bar{X}$：$V = \sum_{i=1}^{n} (X_i - \bar{X})^2/(n-1)$；$\bar{X} = \sum_{i=1}^{n} X_i/n$。

式中，n 为样方数；X_i 为第 i 样方样本数；V 为样本方差；$\bar{X}$ 为样本均值。$V/\bar{X} < 1$ 时，均匀分布；$V/\bar{X} = 1$ 时，随机分布；$V/\bar{X} > 1$ 时，聚集分布。

②$\bar{M}$ 与 $\bar{M}/M$：$\bar{M} = M + (V/M - 1)$。

式中，V 为样本方差；M 为样本均值。$\bar{M} < M$ 时，均匀分布；$\bar{M} = M$ 时，随机分布；$\bar{M} > M$ 时，聚集分布。$\bar{M}/M < 1$ 时，均匀分布；$\bar{M}/M = 1$ 时，随机分布；

$\bar{M}/M > 1$ 时，聚集分布。

③I：$I = (V/\bar{X}) - 1$。式中，V 为样本方差；$\bar{X}$ 为样本均值。$I < 0$ 时，均匀分布；$I = 0$ 时，随机分布；$I > 0$ 时，聚集分布。

④K：$K = \bar{X}^2/(V - \bar{X})$。式中，$V$ 为样本方差；$\bar{X}$ 为样本均值。K 值愈小，聚集度越大，如果 K 值趋于无穷大，则逼近泊松分布。

⑤CA：$CA = 1/K$。式中，K 为负二项参数。$CA < 0$ 时，均匀分布；$CA = 0$ 时，随机分布；$CA > 0$ 时，聚集分布。

应用 Excel 软件，对数据进行计算及处理。运用 SPSS Statistics 17.0 软件，进行相关性分析以及检验等数据统计分析。将标准地内的主要 3 个树种白桦、落叶松和山杨分为更新幼树（B 幼、L 幼、S 幼）、枯立木（B 枯、L 枯、S 枯）和大树（B 大、L 大、S 大）等。对其相对坐标、数量和分布格局进行相关性分析。

表 7-17　标准地基本情况

标准地号	平均高（m）	平均胸径（cm）	林分密度（株/hm²）	树种组成	枯立木密度（株/hm²）	枯立木树种比例/%			更新密度（株/hm²）
						落叶松	白桦	山杨	
1	13.2	13.6	1433	5 落 3 桦 2 杨	456	92.7	4.9	2.4	1256
2	9.9	10.8	1019	9 桦 1 落 + 杨	169	14.8	81.5	3.7	3675
3	9.4	8.1	1994	6 桦 4 落 + 杨	169	14.8	70.4	14.8	4788
4	10.9	10.4	2238	5 落 5 桦 − 杨	75	41.7	58.3	0.0	2925
5	10.7	9.1	1983	5 桦 5 落 + 杨	150	11.1	88.9	0.0	3150
6	10.7	9.6	2775	7 落 3 桦 + 杨	675	90.7	9.3	0.0	3713
7	10.9	12.0	1750	6 落 3 桦 1 杨	113	72.2	11.1	16.7	1475
8	12.1	12.8	1425	7 落 3 桦 + 杨	63	0.0	40.0	60.0	1069

7.2.3.2　枯立木径级分布

各标准地枯立木株数和各树种的比例有所不同。各树种枯立木比例与树种组成成数直接有关。成数越大，该树种枯立木比例也越大（表 7-17）。8 号标准地枯立木比例最高为山杨而并非落叶松，这可能除了枯立木总株数少之外还与林分密度、林木分布格局等结构有关系。

枯立木径级分布较广，16 径阶以下均有枯立木，但主要集中在 4 径阶以下（图 7-13）。8 块标准地 4 径阶以下枯立木株数占总数的比例分别为：41.5%，85.2%，96.3%，75%，100%，92.6%，66.7%，100%。说明，中幼龄林枯立木主要形成于更新幼树阶段。在更新幼树（含枯立木）中，生成枯立木的比例平均达 8.8%。8 块标准地比例分别为：26.6%，4.6%，3.9%，2.5%，4.7%，15.4%，7.2%，5.6%。

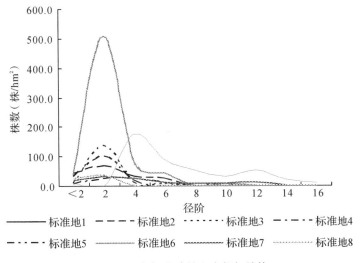

图 7-13　各标准地枯立木径级结构

7.2.3.3　枯立木分布格局

　　各标准地枯立木分布格局均为聚集分布（表 7-18）。根据相关性分析结果，林木（含枯立木）和更新幼树分布格局与枯立木分布格局无显著相关关系。说明，林木和更新幼树分布格局对枯立木格局无显著影响。但枯立木株数与林木和枯立木格局有显著相关关系（表 7-19），与更新幼树分布格局无显著相关。林木 $V/\bar{X}$、$\bar{M}/M$、I、CA 等 4 个指标和枯立木 $V/\bar{X}$、$\bar{M}$、I 等 3 个指标与枯立木株数均呈正相关关系（表 7-19）。林木分布格局聚集度越大，形成枯立木的可能性越大，枯立木数量就越多（图 7-14）。在林木更新阶段，聚集分布格局会满足幼苗的生长需要，可以群聚的形式来增强对其他植物种竞争的能力（韩铭哲，1994）。但在后期生长阶段，在竞争中淘汰一部分林木来释放空间。随着枯立木的数量增加，在林分调查各样方内枯立木平均株数也随之增加，并且样方间株数差异有随之加大的可能性。从而影响了枯立木的分布格局。

表 7-18　各标准地林木和枯立木分布格局

标准地号	项目	分布格局参数						分布格局
		$V/\bar{X}$	$\bar{M}$	$\bar{M}/M$	I	K	CA	
1	林　木	2.29	9.15	1.16	1.29	6.09	0.16	聚集分布
	枯立木	2.11	2.24	1.97	1.11	1.03	0.97	聚集分布
2	林　木	4.56	15.73	1.29	3.56	3.42	0.29	聚集分布
	枯立木	1.28	0.71	1.63	0.28	1.58	0.63	聚集分布

（续）

标准地号	项目	分布格局参数						分布格局
		$V/\bar{X}$	$\bar{M}$	$\bar{M}/M$	I	K	CA	
3	林　木	3.96	20.62	1.17	2.96	5.95	0.17	聚集分布
	枯立木	2.16	1.80	2.82	1.16	0.55	1.82	聚集分布
4	林　木	3.43	15.55	1.19	2.43	5.40	0.19	聚集分布
	枯立木	1.10	0.31	1.51	0.10	1.94	0.51	聚集分布
5	林　木	2.58	14.83	1.12	1.58	8.39	0.12	聚集分布
	枯立木	1.96	1.33	3.56	0.96	0.39	2.56	聚集分布
6	林　木	7.74	24.65	1.38	6.74	2.66	0.38	聚集分布
	枯立木	2.68	3.37	2.00	1.68	1.00	1.00	聚集分布
7	林　木	2.48	9.83	1.18	1.48	5.66	0.18	聚集分布
	枯立木	1.55	0.84	2.84	0.55	0.54	1.84	聚集分布
8	林　木	1.61	7.01	1.09	0.61	10.53	0.09	聚集分布
	枯立木	1.19	0.36	2.12	0.19	0.90	1.12	聚集分布

表7-19　枯立木株数与林木和枯立木格局参数相关系数

项目	林木格局参数				枯立木格局参数		
	$V/\bar{X}$	$\bar{M}/M$	I	CA	$V/\bar{X}$	$\bar{M}$	I
R^2	0.874**	0.808*	0.874**	0.808*	0.792*	0.895**	0.792*
P	0.005	0.015	0.005	0.015	0.019	0.003	0.019
N	8	8	8	8	8	8	8

7.2.3.4　林木株数影响

标准地林木株数和更新幼树数量对枯立木株数有显著影响。尽管林分密度与枯立木株数无显著相关，但样方内的林木株数与枯立木株数间有显著的相关关系。除了标准地4和5以外，其他标准地林分全株数（含枯立木）或更新株数与枯立木株数呈正相关关系（表7-20）。其中，标准地林木全株数和枯立木株数的相关性较为普遍。样方内的更新株数的差异性（图7-14：标准地1~7），导致了各标准地相关关系的变量并非完全一致（表7-20）。说明，标准地林木株数较多前提下，更新株数增加时枯立木数量也随之增多。林木株数与样方大小有关系，并且在样方间差异性大。将样方扩大到 $10m \times 10m$ 时，枯立木株数仅与标准地1、6、7、8等4块标准地全株数有显著正相关（相关系数略），但与更新株数无显著

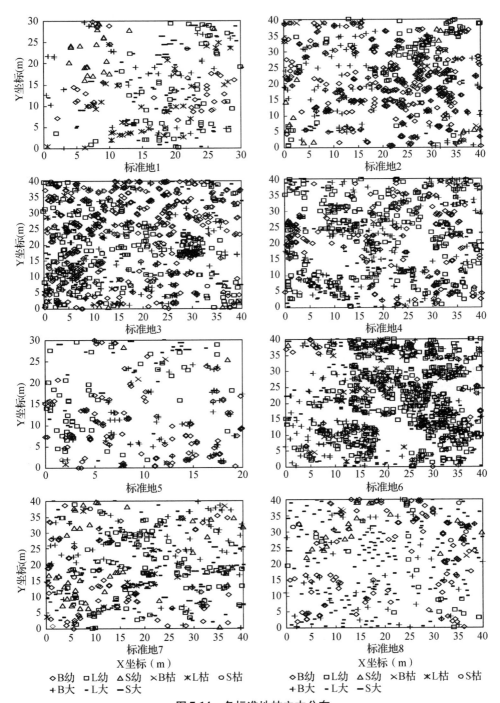

◇B幼　□L幼　△S幼　×B枯　✳L枯　○S枯
+B大　-L大　—S大

图 7-14　各标准地枯立木分布

相关关系。这可能是因为枯立木株数除了与更新株数有关以外，还与其位置有关。在大尺度上可能将削弱更新位置影响，因为更新幼树主要以聚集形式出现，枯立木主要在更新幼树中形成。

表 7-20　枯立木株数与更新幼树和标准地全株数的相关系数

标准地号	变量	R^2	P	N
1	全株数	0.379*	0.023	36
2	更新株数	0.269*	0.032	64
	全株数	0.374**	0.002	64
3	更新株数	0.288*	0.021	64
	全株数	0.420**	0.001	64
6	更新株数	0.472**	0.000	64
	全株数	0.659**	0.000	64
7	全株数	0.493**	0.000	64
8	更新株数	0.289*	0.021	64
	全株数	0.371**	0.003	64

7.2.3.5　枯立木位置

明确了出现枯立木的可能原因后，如何确定枯立木形成的位置，这是关键而又非常困难的问题。枯立木坐标与更新幼树和大树坐标有显著的相关关系（表7-21）。主要表现为落叶松和白桦相互关系，但标准地之间差异较大。由于山杨组成成数少的缘故，无相关关系。大树对枯立木形成影响较更新幼树大。其中，落叶松大树影响较白桦大树强，落叶松更新幼树较白桦更新幼树明显。白桦更新幼树对形成落叶松枯立木无显著影响（表7-21），这可能与白桦萌芽更新有关，存在丛生白桦的缘故。受影响的枯立木主要是树种组成成数高、枯立木株数中所占比例高的树种（表7-21、表7-17）。而影响枯立木出现位置的林木主要取决于其数量和位置，也就是其样方内（5 m 范围内）的林木株数和位置关系等。枯立木出现位置主要在大树和更新幼树集聚区域。另外，林木聚集程度越高，则容易形成枯立木（表7-18、表7-19，图7-14：标准地 1~7）。如标准地 1 大树和更新幼树数量相当，但之所以更新幼树影响枯立木位置是更新幼树主要分布与枯立木周围（图7-14）。

表 7-21　枯立木坐标与更新幼树和大树坐标的相关系数

标准地号	枯立木	变量	R^2	P	N
1	落叶松	落叶松更新幼树	0.271 *	0.018	76
3	白　桦	白桦更新幼树	0.727 **	0.000	38
	白　桦	白桦大树	0.519 **	0.001	38
	落叶松	落叶松大树	0.739 *	0.036	8
4	白　桦	落叶松大树	0.534 *	0.049	14
5	白　桦	落叶松大树	0.642 **	0.007	16
6	白　桦	落叶松更新幼树	0.611 **	0.004	20
	落叶松	落叶松更新幼树	0.487 **	0.000	198
	落叶松	白桦大树	0.365 **	0.000	198
	落叶松	落叶松大树	− 0.310 **	0.000	198

注：* 表示 0.05 水平上显著，** 表示 0.01 水平上显著。

7.2.3.6　小结

兴安落叶松是我国大兴安岭地区的重要森林植被类型，在我国林业生产中具有举足轻重地位。本节选择内蒙古根河林业局潮查林场境内的在 20 世纪 80 年代初主伐利用后形成的兴安落叶松过伐林为研究对象，利用兴安落叶松林 8 块标准地每木定位数据，分析林木分布格局和样方(5m×5m)林木株数对枯立木株数影响，分析枯立木数量特征和分布格局，探讨枯立木发生与林分结构的关系，探讨林分大树和更新幼树位置与枯立木位置的关系，阐明了枯立木分布格局形成机制。对于该区域自然森林演替中的生态竞争、种群更新具有一定的意义，为科学经营兴安落叶松林提供科学依据。观测数据容量涉及 8 块标准样地，数量分析中引入种群格局位置尺度统计较有新意。

经研究发现，兴安落叶松过伐林的枯立木主要形成于更新幼树阶段。各树种枯立木比例，随树种组成成数增加而增大。枯立木径级分布主要集中在 4 径阶以下，但随着林龄增加，枯立木形成径阶幅度可能将变宽。8 块标准地 4 径阶以下枯立木株数占总数的比例为 41.5%~100%，平均达 82.2%。在更新幼树(含枯立木)中，生成枯立木的比例平均达 8.8%。

枯立木分布格局均表现为聚集分布。根据相关性分析结果，林木分布格局对枯立木格局无显著影响，但与枯立木株数有显著正相关关系。林木分布格局聚集度越大，形成枯立木的可能性越大，枯立木数量就越多。样方全株数和更新株数与枯立木株数呈正相关关系。随着林龄增加，林分密度和聚集系数也将发生变化。

枯立木位置与更新幼树和大树位置有显著的相关关系。主要表现为落叶松和白桦相互关系。枯立木出现位置主要在大树和更新幼树集聚区域。大树对枯立木形成影响较更新幼树大，两者均以落叶松影响较白桦明显。而白桦更新幼树对落叶松枯立木的形成无显著影响。受影响的枯立木主要为枯立木株数中所占比例和树种组成成数较高的树种。而影响枯立木位置的林木主要取决于其数量和位置，也就是其样方内(5 m 范围内)的林木株数和位置关系。

过伐林枯立木数量和格局方面，与原始林和次生林有着明显不同的特点。由于现有掌握的资料有限，过去采伐等经营方式对枯立木形成的影响方面未能深入分析。本书得出的 4 径阶以下枯立木株数比例与刘志华等（2009）和王飞等（2012）的研究结果不同，是由林分起源和龄级以及对枯立木的定义和起测胸径的不同导致。在今后经营中，可以考虑将 8.8% 比例的更新幼树进行间伐，促进更新幼树生长。枯立木与林隙更新有着密切关系(玉宝等，2009)。形成枯立木是林分自然稀疏和结构自然优化的必然过程。以往研究主要集中在枯立木基本特征方面，缺乏对枯立木格局形成机制等关键的研究。本节重点分析了林木分布格局、标准地样方内的林木株数对枯立木形成的影响机制，探讨了大树和更新幼树位置与枯立木出现位置的相互关系。这对目标树经营、精细化管理、林分结构优化以及抚育经营具有很好的参考意义。但在不同林龄阶段，其枯立木格局和数量将如何变化，需要今后深入研究。因为，林分内枯立木分布格局的形成需要一个长期过程。同时，枯立木位置可能还与林木距离有关，与大树的距离达到多少时将会出现枯立木、在5m 范围内的林木株数增加到多少时更易形成枯立木等有关，尚需深入研究。

7.3 不同起源林分结构特征

结构是功能基础，林分的直径结构、树种组成和林木间的空间位置与林分的结构和功能有着很大的关系(龚直文等，2009)。林分结构包括空间结构和非空间结构。非空间结构包括直径结构、生长量和树种多样性等，空间结构包括林木空间分布格局、混交、大小分化等 3 个方面(龚直文等，2009；夏富才等，2010)。林分结构研究已有近百年的历史，目前以直径结构研究为主(刘君然等，1997；姜磊等，2008；王艳洁等，2008)。但不同时期对林分结构的研究和优化技术随着林分经营目的有所变化，由过去的木材产量和经济效益逐渐向以多种效益并重的目标发展。近自然森林经营理念的不断深入，参考天然林结构，对人工林进行经营管理是行之有效的办法。我国人工林面积居世界第一，但存在结构单一、以纯林为主、功能低效等诸多问题。这不仅是造林技术的问题，也是抚育经营的问题，必须通过调整结构，发挥多种效益，可持续经营。应对全球气候变化和碳汇效益对我国人工林的培育提出了更高的要求。不仅要保证人工林面积的扩大，完善人工林的结构，提高其健康性、稳定性，持续发挥其以生态效益为主的多种效益和功能至关重要。在人工林结构中有过多人工痕迹，缺少了自然属性、因素和规律。在经营过程中，过于强调和追求人工林某一种功能，使人工林失去其他更多自然属性，影响了更多功能的正常发挥。人工林过于按照人的意愿来培育，并依据经营目标而操纵人工林结构，形成了人工林过于明显的规律性、整齐性和简单的特征。天然林结构复杂，较人工林具有难以发现的规律性，使其功能更加多样性。因此，人工林综合功能远不如天然林。

通过比较分析不同起源兴安落叶松林的生产力、直径结构、水平格局、林分更新及地被物等特征，探讨两者结构上的差异，为落叶松人工林抚育经营提供理论依据。

7.3.1 试验方法

7.3.1.1 样地调查

选择兴安落叶松中龄林（林龄 41～80 年，20 年一龄级）（孙玉军等，2007）的草类－落叶松林、杜香－落叶松林和杜鹃－落叶松林等 3 种主要林型，根据不同林分、立地因子，设置 18 块样地。其中样地 1～17 为天然林，样地 18 为人工林（表7-22）。样地设置方法详见文献（玉宝等，2010）。样地进行每木检尺，调查林下更新、地被物、枯倒木等。共 44 株解析木，其中样地 2、15～18 选 1 株（平均木），其他样地选 3 株（优势木、平均木、被压木各 1 株）（玉宝等，2010）。

7.3.1.2 生物量和蓄积量测定

（1）单株树干生物量：将解析木按 1m 分段现场测定其鲜重，并截取圆盘，在实验室测定干重，计算不同区分段含水率，推算解析木树干（带皮）生物量。

（2）单株枝、叶生物量：测定树冠所有枝基径和枝长，并将树冠分上中下 3 层，每层 4 个方向各截取 2 个标准枝，剥取其上全部叶片，将枝和叶分别带回实验室，测定干质量。利用标准枝基径和枝长，建立枝、叶生物量模型，再推算全部枝、叶生物量。

（3）单株地上生物量：为单株树干（带皮）、枝、叶生物量之和。

（4）林分生物量：利用解析木胸径和树高建立单株各器官生物量模型。根据模型和每木检尺数据，求算林分乔木（兴安落叶松、白桦）地上、干、枝和叶生物量。书中总生物量指乔木地上部分总生物量。白桦单株树干（W_D）、枝（W_l）、叶（W_{si}）生物量计算公式（韩铭哲，1994）为：$W_D = 0.0285 (D^2 H)^{0.8927}$；$W_l = $

$0.0028(D^2H)^{1.0257}$；$W_{si}=0.0155(D^2H)^{0.6127}$。式中，$D$ 为胸径（cm），H 为树高（m），W_D、W_l、W_{si} 指干质量（t）。

（5）蓄积量测定：将标准木按 1m 分段截取圆盘，以区分求积法估算标准木材积，根据林分密度进一步推算林分蓄积量等。

7.3.1.3　水平格局

采用样方方法测算聚集系数（λ）（徐化成，1998）。$0 \leqslant \lambda < 0.5$ 为均匀分布；$0.5 \leqslant \lambda < 1.5$ 为随机分布和 $\lambda \geqslant 1.5$ 为聚集分布。

7.3.1.4　林木分级方法

利用每木检尺数据，采用公式 $r = d/D$，其中，d 为林木胸径（cm），D 为林分平均胸径（cm）。根据 r 值大小将其划分为 5 个等级（丁宝永等，1980；冯林等，1989）。1 级木：$r \geqslant 1.336$；2 级木：$1.026 \leqslant r < 1.336$；3 级木：$0.712 \leqslant r < 1.026$；4 级木：$0.383 \leqslant r < 0.712$；5 级木：$r < 0.383$。

表 7-22　样地基本概况

样地号	林龄（年）	平均胸径（cm）	平均高（m）	密度（株/hm²）	树种组成	林型
1	65	8.2	7.8	2792	8 落 2 阔	1
2	61	14.4	9.6	315	7 落 3 阔	1
3	59	10.9	10.1	708	8 落 2 阔	3
4	56	12.5	9.4	1533	9 落 1 阔	1
5	58	9.3	9.2	1062	8 落 2 阔	1
6	58	15.9	8.9	865	10 落	2
7	63	8.7	8.1	1494	8 落 2 阔	2
8	56	10.8	9.0	1533	6 落 4 阔	2
9	62	12.9	9.8	1691	9 落 1 阔	2
10	58	10.0	10.4	1101	7 落 3 阔	2
11	56	9.2	9.0	1258	4 落 6 阔	3
12	60	9.2	11.8	2241	10 落	2
13	61	12.8	9.7	2045	9 落 1 阔	1
14	54	7.4	9.3	1966	6 落 4 阔	2
15	48	10.1	8.7	2359	8 落 2 阔	1
16	42	10.0	10.1	1573	6 落 4 阔	1
17	65	8.2	11.7	1927	3 落 7 阔	3
18	44	11.3	9.5	2320	10 落	—

注：林型中 1～3 分别指草类 - 落叶松林型、杜香 - 落叶松林型、杜鹃 - 落叶松林型。

7.3.2　林分生产力

人工林的生产力较天然林明显好。密度 315～2792 株/hm² 兴安落叶松天然中龄林的蓄积量、生物量、生产力分别达 11.34～105.14m³/hm²、14.8～75.81t/hm²、0.24～1.24t/(hm²·年)。而林龄 44 年、密度 2320 株/hm² 兴安落叶松人工林的蓄积量、生物量、生产力分别达 144.45m³/hm²、81.63t/hm²、1.86t/(hm²·年)，较年龄和密度相近的天然林(样地 15)分别高 65.0%、35.8%、48.8%(表 7-23)。生物量、生产力与树种组成有关，经相关性分析，与树种组成中落叶松成数呈正相关。其相关系数和显著水平分别为：0.455、0.038；0.563、0.008。分别在 0.05 和 0.01 水平上显著。

表 7-23　林分生产力和水平格局

样地号	蓄积量(m³/hm²)	生物量(t/hm²)	生产力[t/(hm²·年)]	水平格局
1	52.25	31.55	0.49	2
2	11.34	14.80	0.24	2
3	16.81	19.11	0.32	1
4	33.19	54.73	0.97	2
5	26.11	18.57	0.32	2
6	24.83	43.10	0.75	1
7	26.78	21.23	0.34	1
8	61.45	35.45	0.64	1
9	74.77	61.39	0.99	1
10	29.76	24.53	0.43	1
11	35.53	20.96	0.37	2
12	74.29	50.36	0.83	1
13	105.14	75.81	1.24	2
14	49.01	19.93	0.37	1
15	87.54	60.11	1.25	2
16	67.95	38.30	0.91	1
17	53.23	34.19	0.53	2
18	144.45	81.63	1.86	1

注：生物量指乔木地上部分的生物量，不包括果实的生物量；水平格局中 1～2 分别指随机分布、聚集分布。

7.3.3 直径结构

直径结构是最重要、最基本的林分结构。林木个体大小和数量比例是林分结构的重要特征。能反映出林分生长状况和林木间的竞争关系。随着林木的生长，林分逐渐郁闭，并且林木种内和种间竞争也变得剧烈，林木开始分化形成分级木。林分竞争状态与其径级分布范围和株数有关(冯林等，1989)。径级分布范围反映了分化的存在与否，范围越宽，两极级别存在的可能越大，则分化存在的可能性越高，而不同径级的株数分布则反映了分化的程度或强度，两极级别的株数越多则分化强度越大。

天然林和人工林1~5级木的比例由大到小排序分别为：4 > 3 > 2 > 1 > 5；3 > 2 > 4 > 1 > 5。其比例分别为：32.4%、30.5%、14.7%、12.9%、9.5%；32.2%、30.5%、25.4%、10.2%、1.7%。尽管两者均1、5级木最少，但所占比例大不相同，天然林1、5级木比例明显高于人工林，人工林生长较天然林相对均衡，2、3级木的比例达62.7%。说明天然林的林木分化程度较人工林强，林木竞争激烈，更易形成分级木，导致自然稀疏早于人工林，这有利于林下更新以及植被的生长。

林龄、密度相近的天然林(样地15)和人工林(样地18)直径分布截然不同。天然林反"J"型，人工林单峰型(图7-15，表7-24)。

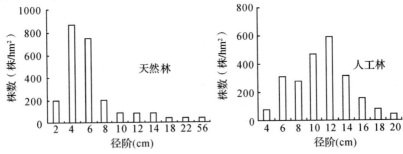

图7-15 不同起源林分直径分布

表7-24 不同起源林分径阶每公顷株数

林分起源	径阶											
	2	4	6	8	10	12	14	16	18	20	22	56
天然林	196.6	865.0	747.0	196.6	78.6	78.6	78.6	—	39.3	—	39.3	39.3
人工林	—	78.6	314.5	275.2	471.8	589.8	314.5	157.3	78.6	39.3	—	—

7.3.4 水平格局

18 块样地林木格局表现为随机分布和聚集分布两种类型，无均匀分布。其中，天然林随机分布和聚集分布比例为 52.9%、47.1%，人工林为随机分布（表 7-23）。按林型分，草类 – 落叶松林、杜香 – 落叶松林和杜鹃 – 落叶松林随机分布和聚集分布比例分别为：14.3%、85.7%；100%、0；33.3%、66.7%（表 7-23）。聚集系数与林分密度有关，经相关性分析，两者呈正相关（$R^2 = 0.447$，$P = 0.042$）。

7.3.5 林分更新、地被物

天然林均有林分更新（70 ~ 2516 株/hm^2），人工林无更新（表 7-25）。经相关性分析，林分更新与死地被物盖度呈正相关（$R^2 = 0.504$，$P = 0.039$），在 0.05 水平上显著（表 7-26）。人工林死地被物厚度较小（1.2cm）、林下植被种类少（2 科 2 属 2 种），藓类盖度、草本盖度、植被种类等明显低于天然林平均水平（表 7-25）。死地被物厚度和藓类盖度将影响林下草本生长，与草本盖度均呈负相关。藓类盖度还与植被种数呈负相关。不同林型的灌木盖度和植被种数不同，与前者呈正相关，与后者呈负相关（表 7-26）。

出现林隙和枯倒木是天然林的显著特点，这导致微生境的异质性，往往有利于林分更行、林下植被生长。如样地 13 中有 1 个林隙，6 株枯倒木，植被种数明显多，达 12 种。在其他样地中也能发现类似现象（表 7-25）。

表 7-25　林分更新和地被物

样地号	更新密度（株/hm^2）	林隙数量	倒木数（株）	死地被物		活地被物			
				厚度（cm）	盖度（%）	藓类盖度（%）	草本盖度（%）	灌木盖度（%）	种数
1	2516	0	3	2.0	100.0	15.5	18.7	13.3	3 科 3 属 6 种
2	1101	0	3	2.0	100.0	17.0	73.3	0.0	3 科 5 属 5 种
3	354	0	0	2.0	100.0	24.3	35.7	8.3	3 科 3 属 3 种
4	1022	0	0	2.0	100.0	19.0	50.0	5.7	3 科 4 属 5 种
5	1140	0	0	2.0	100.0	16.4	70.0	0.7	3 科 4 属 7 种
6	1376	0	1	2.0	100.0	20.2	0.0	60.0	3 科 3 属 5 种
7	865	0	0	2.0	70.0	18.2	0.0	49.5	3 科 3 属 6 种
8	1927	0	0	2.0	100.0	36.6	13.3	70.0	2 科 2 属 2 种
9	2359	0	0	2.0	100.0	21.1	23.3	56.7	3 科 3 属 5 种

(续)

样地号	更新密度（株/hm²）	林隙数量	倒木数/株	死地被物		活地被物			
				厚度（cm）	盖度（%）	藓类盖度（%）	草本盖度（%）	灌木盖度（%）	种数
10	826	1	1	1.3	74.6	44.9	49.8	70.9	3科3属3种
11	550	0	9	1.4	88.1	13.9	67.9	71.6	2科2属2种
12	79	0	0	1.2	73.9	24.0	83.8	14.6	2科2属2种
13	1062	1	6	1.8	97.8	7.5	87.1	3.4	11科12属12种
14	1062	0	1	1.0	95.0	19.2	88.6	22.1	7科10属10种
15	1533	0	5	1.1	95.0	17.7	93.3	25.0	4科6属6种
16	826	0	7	1.4	94.6	19.6	89.9	25.6	5科6属6种
17	826	0	6	1.5	93.6	18.2	65.6	78.3	5科5属5种
18	0	0	0	1.2	97.3	5.8	50.6	46.1	2科2属2种

表 7-26　相关性分析

项目	因子					
	死地被物盖度/更新密度	死地被物厚度/草本盖度	藓类盖度/草本盖度	藓类盖度/植被种数	林型/灌木盖度	林型/植被种数
相关系数	0.504*	-0.686**	-0.465*	-0.581*	0.645**	-0.489*
显著水平	0.039	0.002	0.034	0.015	0.002	0.046

7.3.6　小结

前人的林分结构研究，主要围绕直径结构，拟合威布尔分布（李凤日，1987；刘君然等，1997；董希斌等，2000）开展。本节从林分生产力、直径结构、林木竞争分化、水平格局、林分更新、林下地被物等几方面综合比较分析了兴安落叶松天然林（3种林型）与人工林等不同起源林分结构特征，探讨不同起源落叶松林结构差异，这对落叶松人工林抚育经营具有参考意义。同时更深入了解天然林结构特征的优势。不同起源兴安落叶松林结构主要不同点为：①在密度和林龄相近情况下，人工林生产力明显高于天然林，其蓄积量、生物量、生产力较天然林分别高65.0%、35.8%、48.8%。天然林越接近纯林，其生产力就越高。②天然林直径分布反"J"型，人工林单峰型。天然林和人工林1～5级木的比例由大到小排序为：4（32.4%）＞3（30.5%）＞2（14.7%）＞1（12.9%）＞5（9.5%）；

3（32.2%）＞2（30.5%）＞4（25.4%）＞1（10.2%）＞5（1.7%）。表现出天然林林木分化程度较人工林强，林木竞争激烈，这是否与人工采伐干扰有关系，需要深入研究。③天然林聚集系数与林分密度呈正相关。说明随着林龄增长，林分逐渐稀疏，林木水平格局由聚集分布向随机分布转变，最终接近均匀分布，这与关玉秀等（1992）研究一致。天然林随机分布和聚集分布比例分别为：52.9%、47.1%。④天然林更新较好，人工林无更新。人工林藓类盖度、草本盖度、植被种类等明显低于天然林平均水平。

天然林无固定株行距，完全是按照自然规律发生发展，林分更新较人工林普遍好。从幼龄林到成熟林，林木格局由聚集分布经随机分布向均匀分布转变。这说明，它竞争激烈，较人工林更早分化形成分级木，林木胸径、树高、冠幅生长出现差异，出现枯立木、濒死木、枯倒木，促使形成微生境的异质性，促进林分更新。而人工林有固定株行距，导致了个体生长和微生境相对一致，竞争不激烈。从幼龄林到成熟林，林木格局可能由均匀分布经随机分布（或聚集分布）向均匀分布转变。人工林固定株行距是主要考虑木材产量和经济效益。林下更新是人工林能够持续自我发展的重要标志。因此，为促进人工林造林后更快速郁闭，促进更好的更新，发挥以生态效益为主的多种功能，是否改变传统的栽植模式，株行距不固定或者按聚集分布形式定植。这对人工林经营来说是值得思考的问题。但现有的人工林需要天然化改造，进行抚育间伐，促进林分更新，促使形成异龄混交林。

第 8 章

过伐林垂直结构

　　森林演替初期，灌木数量较多，随着时间推移，灌木幼苗数量逐渐减少，乔木的地位逐渐突出（Franklin J *et al*，2006）。植被演替以物种组成和群落结构的变化为主要表征。随着演替的进行，森林群落中较低层次的物种逐渐进入较高层次，使群落上层的物种数和个体数量不断增加（周小勇等，2004）。森林植被演替规律的研究方法主要有：设立永久性样地进行定位观测的传统方法、群落空间序列代替时间序列的比较方法以及可通过数学模型进行动态模拟研究的方法（孙家宝等，2010）。孙家宝等（2010）分析兴安落叶松林火烧迹地森林演替过程后认为，落叶松及主要阔叶树种的更新，取决于种源是否充足。更新层物种的演替是森林群落结构发生变化的主导驱动因子（康冰等，2011）。

　　林分空间结构决定了树木之间的竞争势及其空间生态位，它在很大程度上决定了林分的稳定性、演替方向、发展的可能性和经营空间大小（惠刚盈等，1999；2001）。目前，林分水平结构方面的研究较深入，已有系统的研究报道。但林分垂直结构定量化研究仍处在起步阶段。群落垂直结构直接影响树木的生长和下层植物群落结构（臧润国等，2001）。影响群落生物多样性（Latham P A *et al*，1998）。按树种的耐阴程度、演替次序等属性进行混交配置造林，可使林内的资源利用率提高

30%，从而提高生物量（Pretzsch H，2005）。

过去对天然林垂直结构的研究，采用了等高距法（臧润国等，2001；杜志等，2013）、优势高比例法（吕勇等，2012）、系统聚类、树冠光竞争高度（郑景明等，2007）和林层指数（吕勇等，2012；周君璞等，2013）等方法，主要集中在各林层的合理密度（张惠光等，1999）、空间格局（李明辉等，2011；杜志等，2013）、生物量（郑郁善等，1997）和水源涵养效益（藤森末彦等，1984；潘紫重等，2008）等方面，但多以定性表述为主，量化指标较少，而且为数不多的定量化研究仍然难以系统揭示复层异龄林的垂直结构特征，仍需要深入探讨。研究分析复层林垂直层次结构，对未来演替趋势和垂直层次变化趋势的预测以及优化林分结构等具有重要意义。以兴安落叶松中幼龄过伐林为对象，研究其垂直结构综合特征，为进一步研究林分演替、多功能，为森林抚育经营提供理论依据。

8.1　试验方法

8.1.1　标准地调查

设置 14 块方形标准地（表8-1），面积有 20m×30m、30m×30m、30m×40m、40m×40m 等 4 种。进行每木检尺，量测其胸径、树高、枝下高等指标。对标准地 9～14 未调查 1.3m 以下的更新树种（$D < 5.0$cm），对大树（$D \geqslant 5.0$cm）进行每木检尺。将标准地按 5m×5m 进行网格化，将标准地按对应面积划分为 24、36、48、64 等不同数量的样方。以标准地西南角作为坐标原点，用皮尺测量各样方内的林木在标准地内的相对坐标（X，Y）。其中，X 表示东西方向坐标，Y 表示南北方向坐标。应用方差/均值比率法（$V/\bar{X}$）、平均拥挤度（$\bar{M}$）、聚块性指标（$\bar{M}/M$）、丛生指标（I）、负二项参数（K）、Cassie 指标（CA）等 6 种聚集度指标的方法（惠刚盈等，2007），求算和共同检验林木空间格局。应用 Excel 软件，对数据进行计算及处理。运用 SPSS Statistics 17.0 软件，进行相关性分析以及检验等数据统计分析。

8.1.2　林层划分法

树冠光竞争高度（canopy competition height，CCH）（Latham P A et al，1998；Ishii H T et al，2004；郑景明等，2007；2010）原理划分垂直分层。树冠光竞争高度分层方法将垂直空间具体化、定量化，是采用树高和冠长进行树木垂直层次划分的方法（郑景明等，2010）。树冠光竞争高度计算公式为：$CHH = aC_l + H_w$。式中，CHH 为树冠光竞争高度（m），a 为截止系数，C_l 为树冠长度（m），H_w 为枝下高（m）。

本书对树冠光竞争高度法稍作了改动。以树高和冠长最大的林木 CHH 作为划分林层的依据，计算出各林层高度（各层次高度最低点）。截止系数 a 取值为 0.5。树高大于等于该林层高度时，将其划入该层次。以此类推，直到所有乔木都被划分完毕或剩余乔木数量小于总株数的 3% 为止。为方便统计分析，将所划分林层划入主林层、演替层和更新层等 3 个层次。具体方法：首先，将调查数据按树高和树冠长度进行降序排列，以树高和树冠长度最大的个体的 CHH 作为第一层的树冠光竞争高度（$CCH1$），所有树高大于或等于 $CCH1$ 的树木划入第一层中；其次，对于剩余的树高小于 $CCH1$ 的个体，以其中树高和树冠长度最大的树木重新计算第二层的树冠光竞争高度（$CCH2$），完成第二层的树木筛选；接着进行第三层的树冠光竞争高度（$CCH3$）的计算和树木的筛选判别（郑景明等，2010）。

杜香－落叶松林垂直结构

表 8-1 标准地基本情况

标准地号	林分密度（株/hm²）	树种组成	平均胸径（cm）	平均树高（m）	蓄积量（m³/hm²）	空间格局
1	1433	5 落 3 桦 2 杨	13.6	13.2	154.70	聚集分布
2	1019	9 桦 1 落 + 杨	10.8	9.9	62.87	聚集分布
3	1994	6 桦 4 落 + 杨	8.1	9.4	58.19	聚集分布
4	2238	5 落 5 桦 - 杨	10.4	10.9	121.18	聚集分布
5	1983	5 桦 5 落 + 杨	9.1	10.5	74.47	聚集分布
6	2775	7 落 3 桦 + 杨	9.6	10.7	121.16	聚集分布
7	1750	6 落 3 桦 1 杨	12.0	10.9	129.62	聚集分布
8	1425	7 落 3 桦 + 杨	12.8	12.1	112.99	聚集分布
9	2556	7 桦 3 落 - 杨	9.4	10.0	97.28	聚集分布
10	1367	8 落 2 桦	12.2	10.3	96.96	均匀分布
11	2067	8 落 1 桦 1 杨	11.8	10.5	148.75	聚集分布
12	1722	7 落 3 桦 - 杨	12.7	11.1	152.80	聚集分布
13	2233	7 落 3 桦	11.4	10.2	145.77	聚集分布
14	892	9 落 1 桦 - 杨	15.5	10.0	146.52	聚集分布

8.2 各层高度

各标准地主林层、演替层和更新层高度变幅分别为 8.8～14.7m、5.3～8.5m、1.0～4.7m。其平均高度分别为 10.9m、6.8m、2.6m(表 8-2)。经方差分析，做 F 检验，各层次高度间在 0.01 水平上极显著差异(表 8-3)。主林层较演替层高 36.1% 以上，演替层较更新层高 42.5% 以上。随着林分平均高增加，主林层高度也增加，两者在 0.05 水平上显著正相关($R^2 = 0.555$，$P = 0.039$)。随着主林层高度的增加，演替层高度也增加，两者在 0.01 水平上显著正相关($R^2 = 0.682$，$P = 0.007$)。标准地 9～14 更新层高度较其他标准地均高。这是由于标准地调查时，对 1.3m 以下更新幼树未进行调查，标准地林下更新密度普遍较小，仅为 289～989 株/hm^2，从而普遍提高了这层次高度。

表 8-2　各标准地划分垂直层次高度、树种组成和蓄积量所占比例

标准地号	各层次高度(m)			树种组成			占总蓄积量比例(%)		
	主林层	演替层	更新层	主林层	演替层	更新层	主林层	演替层	更新层
1	14.7	7.3	2.2	4落4桦2杨	6落3桦1杨	7落2桦1杨	66.1	29.9	3.9
2	11.1	7.5	1.1	10桦+杨	8桦2落+杨	8桦2落+杨	61.1	28.7	10.2
3	9.6	6.3	1.8	5桦5落+杨	6桦4落+杨	6桦4落－杨	47.8	43.7	8.5
4	12.9	7.7	1.0	6桦4落－杨	6落4桦－杨	8落2桦－杨	49.2	41.5	9.3
5	10.0	6.2	2.2	6落4桦+杨	8桦2落－杨	5桦5落+杨	73.2	23.6	3.2
6	13.7	8.5	1.4	5桦5落+杨	7落3桦+杨	9落1桦－杨	33.3	53.5	13.1
7	9.8	7.2	1.7	5落4桦1杨	7落3桦+杨	7落2桦1杨	79.6	15.6	4.9
8	10.5	6.9	1.3	7落3桦+杨	9落1桦+杨	5桦3落2杨	87.3	11.6	1.1
9	9.9	6.3	3.9	7桦3落	6桦4落－杨	6落4桦	75.6	23.1	1.3
10	10.6	6.8	4.2	7落3桦	8落2桦	6落4桦	57.7	40.2	2.0
11	8.8	5.4	3.6	8落1桦1杨	8落2桦	8落2桦	91.2	8.2	0.6
12	10.7	7.5	4.7	7落3桦－杨	6落4桦	7落3桦	76.9	20.7	2.5
13	8.9	5.3	3.5	7落3桦	7落3桦	9落1桦	84.5	13.7	1.8
14	11.8	5.7	4.0	9落1桦	8落2桦+杨	5落4桦1杨	47.4	51.1	1.5

表 8-3　各层高度和蓄积量比例的方差分析

变差来源	各层次高度					各层次占蓄积量比例				
	离差平方和	自由度	均方	F	显著性	离差平方和	自由度	均方	F	显著性
组间	483.893	2	241.947	127.478	0.000	27251.716	2	13625.858	75.086	0.000
组内	74.020	39	1.898			7077.374	39	181.471		
总和	557.913	41				34329.090	41			

8.3 各层径级分布

林分垂直层次各径阶株数明显不同。普遍规律是随着林分垂直层次的增高，林木径阶变宽，各径阶林木株数趋于减少，株数峰值变小并向右移，径阶变大

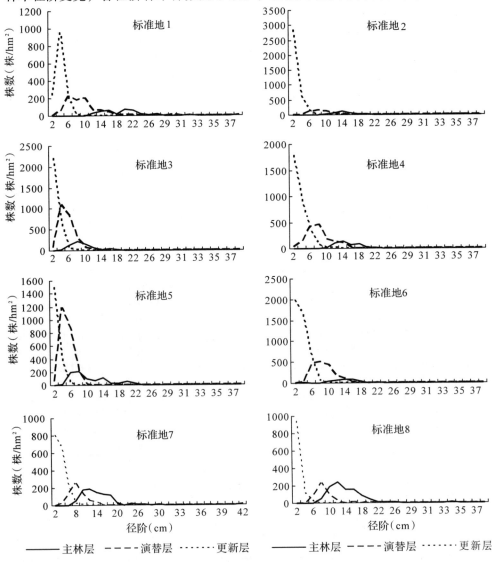

图 8-1 各标准地垂直层次径级分布

（图 8-1、图 8-2）。更新层径级分布呈反"J"型或左偏单峰型，峰值在 2 径阶处。标准地 9 ~ 14 更新层径级分布表现为左偏单峰型，而且峰值在 4 径阶处。这是标准地调查时，除了对 1.3m 以下更新幼树未进行调查之外，林下幼树数量较少，使得更新层 2 径阶的株数普遍较少，提高了株数峰值对应的径阶，导致该层次径级分布呈左偏单峰型。演替层径级分布为左偏单峰型，峰值多数在 8 径阶处。主林层径级分布呈无规则的单峰型，峰值在 8 ~ 16 径阶处，其中以 12、14 径阶为多数，而且径阶幅度较更新层和演替层明显变宽，但株数明显减少。

主林层林木直径直接影响林分平均胸径。经相关性分析，林分平均胸径与主林层径级分布峰值在 0.01 水平上极显著正相关（$R^2 = 0.783$，$P = 0.001$）。标准地 7 主林层、标准地 8 主林层和演替层、标准地 12 主林层和标准地 14 主林层和演替层径级分布均存在缺损现象，这主要是过去择伐所致。

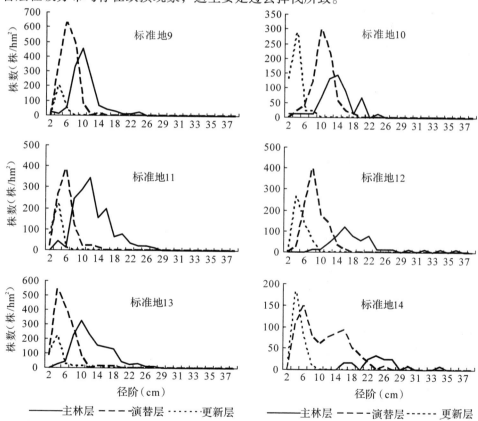

图 8-2　各标准地垂直层次径级分布

8.4　各层树种组成

林分各层次树种组成差异较大（表8-2）。主林层对整个林分树种组成起到关键作用，其树种组成与林分树种组成数非常接近。但也有个别标准地演替层树种组成与林分树种组成也接近，如标准地3、6、10和13。主林层的树种组成决定了更新层的树种组成，主林层林木起到母树作用，影响到林下更新树种和组成。但个别标准地更新层树种成数与主林层树种成数不一致，这可能与落叶松和白桦的母树数量和其结实量差异引起的种源有关，如标准地4、6、8和9。从林分垂直层次能看出林分未来演替趋势。植被演替以物种组成和群落结构的变化为主要表征，随着演替的进行，森林群落中较低层次的物种逐渐进入较高层次，使群落上层的物种数和个体数量不断增加（周小勇等，2004）。从演替层看，随着林龄增加，在14块标准地中，未来演替趋势将出现3种可能：一种是落叶松成数增多。如标准地1、2、4、6、7、8、10等。另一种是白桦成数逐渐增多，如标准地3、5、11、12、14等。还有一种是树种组成相对稳定，如标准地13等。因此，通过调控主林层、演替层和更新层林木数量比例，来控制林分未来演替趋势是完全有可能的。

森林的树种优势度可以决定森林生态系统演替趋势，是森林向顶极演替的重要参考指标（高心丹等，2011）。白桦更替落叶松的主要原因，在于白桦的萌芽力强，种子小，有利于传播，幼苗对不良环境条件抵抗力较强等有利条件。但是有白桦组分的森林类型，其林分结构较稀疏，为落叶松更新和生长创造了优良条件，而落叶松又在白桦的林冠下更新起来，形成了白桦落叶松混交林。由于落叶松有较长的寿命，于是落叶松又更替了白桦，最终将会形成落叶松纯林（王绪高等，2004）。

8.5　各层蓄积量

林分垂直各层次蓄积量变化较大。经方差分析和 F 检验，各层次蓄积量在0.01水平上极显著差异（表8-3）。随着林分垂直层次增高，其蓄积量增大（表8-2）。林分各层蓄积量中主林层所占比例最高，达33.3%~91.2%，平均比例为66.5%。演替层蓄积量所占比例8.2%~53.5%，平均比例为28.9%。更新层比例最小，仅占0.6%~13.1%，平均比例为4.6%。标准地6和14演替层蓄积量高于主林层。这主要是由演替层株数较主林层多，而且径阶幅度较宽，径阶峰值较大所引起。如标准地 6 主林层和演替层株数分别为 369 株/hm²，1744 株/hm²。标准地 14 主林层和演替层株数分别为 158 株/hm²，758 株/hm²。各层蓄积量所占比例主要受其平均胸径、树高、株数以及演替阶段等的影响。

8.6 各层水平格局

林分整体分布格局与垂直各层格局并非完全一致（表 8-1、表 8-4）。虽然按照 $D<5$cm 时划入更新幼树，但划分林层时主要考虑了树高指标，存在个别更新幼树划入演替层的可能性。因此，各层林木格局与林木整体格局存在一定的差异性。林分垂直各层林木分布格局相对一致，主要呈聚集分布（表 8-4）。这可能与研究对象属于中幼龄林，与其生长阶段有关系。标准地 7、12 和 14 等 3 块标准地主林层接近随机分布，标准地 8 主林层呈均匀分布。这可能与过去择伐经营，导致径级分布缺损有关（图 8-1、图 8-2）。标准地 13 更新层也呈均匀分布，这可能与对其未调查 1.3m 以下的更新幼树、样方内的林木株数减少有关。

林分垂直各层聚集系数变化有明显的规律性。随着林层从主林层到更新层的下降过程，其聚集系数逐渐增大，聚集化程度明显增加。但标准地 9、10、12 和 13 的各层聚集系数变化并无明显的规律性，这可能在林下更新情况差的情况下，与对其更新层 1.3m 以下幼树未调查有关系，株数减少导致聚集系数发生变化。随着林龄增加，更新层经过林木竞争生长、自然稀疏过程后，在向演替层和主林层转移的过程中，林木株数逐渐减少，并且样方内的林木株数空间异质性会逐渐变大，这导致了垂直各层的聚集系数的差异性。

表 8-4 各标准地垂直层空间格局

标准地号	林层	空间格局参数						空间格局
		$V/\bar{X}$	$\bar{M}$	$\bar{M}/M$	I	K	CA	
1	主林层	1.44	1.44	1.44	0.44	2.25	0.44	聚集分布
	演替层	1.74	2.94	1.34	0.74	2.96	0.34	聚集分布
	更新层	1.98	4.50	1.28	0.98	3.61	0.28	聚集分布
2	主林层	1.18	0.98	1.23	0.18	4.34	0.23	聚集分布
	演替层	1.19	1.50	1.14	0.19	7.00	0.14	聚集分布
	更新层	5.12	13.31	1.45	4.12	2.23	0.45	聚集分布
3	主林层	1.92	2.64	1.53	0.92	1.87	0.53	聚集分布
	演替层	2.29	7.37	1.21	1.29	4.71	0.21	聚集分布
	更新层	3.00	9.46	1.27	2.00	3.74	0.27	聚集分布

（续）

标准地号	林层	空间格局参数						空间格局
		$V/\bar{X}$	$\bar{M}$	$\bar{M}/M$	I	K	CA	
4	主林层	1.30	1.51	1.25	0.30	3.97	0.25	聚集分布
	演替层	2.81	5.54	1.48	1.81	2.07	0.48	聚集分布
	更新层	3.47	10.38	1.31	2.47	3.20	0.31	聚集分布
5	主林层	1.45	2.62	1.21	0.45	4.83	0.21	聚集分布
	演替层	2.48	7.44	1.25	1.48	4.02	0.25	聚集分布
	更新层	1.85	5.60	1.18	0.85	5.61	0.18	聚集分布
6	主林层	1.94	1.86	2.02	0.94	0.98	1.02	聚集分布
	演替层	2.22	5.58	1.28	1.22	3.58	0.28	聚集分布
	更新层	6.18	16.08	1.47	5.18	2.11	0.47	聚集分布
7	主林层	1.16	2.39	1.07	0.16	14.21	0.07	聚集分布
	演替层	1.20	1.71	1.13	0.20	7.74	0.13	聚集分布
	更新层	2.11	5.40	1.26	1.11	3.88	0.26	聚集分布
8	主林层	0.93	2.37	0.97	-0.07	-37.10	-0.03	均匀分布
	演替层	1.28	1.36	1.26	0.28	3.79	0.26	聚集分布
	更新层	2.93	4.64	1.71	1.93	1.40	0.71	聚集分布
9	主林层	2.25	4.58	1.38	1.25	2.67	0.38	聚集分布
	演替层	1.78	4.67	1.20	0.78	4.97	0.20	聚集分布
	更新层	1.06	0.70	1.09	0.06	11.26	0.09	聚集分布
10	主林层	1.66	2.08	1.47	0.66	2.14	0.47	聚集分布
	演替层	1.22	2.22	1.11	0.22	9.00	0.11	聚集分布
	更新层	1.74	1.90	1.63	0.74	1.58	0.63	聚集分布
11	主林层	1.44	4.25	1.12	0.44	8.60	0.12	聚集分布
	演替层	2.34	3.48	1.63	1.34	1.59	0.63	聚集分布
	更新层	3.51	3.29	4.22	2.51	0.31	3.22	聚集分布
12	主林层	1.05	1.44	1.04	0.05	27.17	0.04	聚集分布
	演替层	1.46	2.96	1.18	0.46	5.49	0.18	聚集分布
	更新层	1.13	1.27	1.11	0.13	8.80	0.11	聚集分布
13	主林层	1.64	4.14	1.18	0.64	5.44	0.18	聚集分布
	演替层	2.04	4.59	1.29	1.04	3.42	0.29	聚集分布
	更新层	0.64	0.59	0.62	-0.36	-2.65	-0.38	均匀分布
14	主林层	1.03	0.42	1.06	0.03	15.70	0.06	聚集分布
	演替层	1.19	2.09	1.10	0.19	9.87	0.10	聚集分布
	更新层	1.77	1.44	2.16	0.77	0.86	1.16	聚集分布

8.7 小结

本节在对内蒙古大兴安岭兴安落叶松过伐林进行垂直层次(主林层、演替层和更新层)划分的基础上,分析并比较了各层高度、径级分布、树种组成、蓄积量和水平格局特点,研究具有一定的理论和实际意义。采用树冠光竞争高度原理将兴安落叶松过伐林林分垂直层次划分为主林层、演替层和更新层。分析各层高度、径级分布、树种组成、蓄积量和水平格局特点。中幼龄兴安落叶松过伐林垂直层次较明显,主林层、演替层和更新层平均高度分别为:10.9m,6.8m,2.6m。主林层比演替层高36.1%以上,演替层比更新层高42.5%以上。各层径级分布明显不同。随着林分垂直层次增高,其径级分布由反"J"型向左偏单峰型转变,最终呈无规则单峰型形状。主林层径级分布呈无规则的单峰型,峰值在8~16径阶处,以12和14径阶为多数。演替层径级分布呈左偏单峰型,峰值主要在8径阶处。更新层径级分布呈反"J"型,峰值在2径阶处。林分各层树种组成差异较大,主林层树种组成与林分树种组成数非常相近。主林层树种组成对整个林分树种组成起到关键作用,也直接影响更新层的树种组成。各层树种组成很好地揭示了未来林分演替趋势,未来演替将出现落叶松成数增多、白桦成数逐渐增多、树种组成相对稳定等3种可能性。随着林分垂直层次增高,其蓄积量增大。主林层、演替层和更新层占林分总蓄积量的平均比例分别为:66.5%,28.9%,4.6%。林木整体分布格局与垂直各层林木格局并非完全一致。各层林木分布格局主要呈聚集分布,但其聚集化程度不同。随着林层的下降,其聚集系数逐渐增大,聚集化程度明显增加。将各层按聚集系数从大到小的排序为:更新层、演替层、主林层。这与李明辉等(2011)和杜志等(2013)研究一致。

随着林分年龄增长,更新层株数减少,向演替层转移,演替层径级分布的径阶变大(向右移),逐渐接近主林层径级分布。但在林分各个生长阶段保持复层、异龄林,必须持续地保留有一定比例的更新层。更新层物种的演替是森林群落结构发生变化的主导驱动因子(康冰等,2011)。通过人工间伐、择伐,可以优化结构,并能利用木材,同时可持续地经营复层异龄林。

林木在生长过程中,在不被自然稀疏的情况下,经更新层和演替层最终入主林层。在这一过程中,林分微生境和结构等将产生一系列的变化。在林分中,主林层、演替层和更新层对林分结构与功能具有各自不同的作用。主林层对林分胸径、林分高、林分树种组成和林分蓄积量起到关键作用,而且为林分更新起到遮阴、庇护和母树作用,直接影响更新树种和组成,并影响分布格局。演替层为林分发挥"承上启下"和"后备力量"的作用,能为主林层起到辅助作用,为林分蓄积量、分布格局起重要作用。通过演替层的调控，能较快控制林分演替趋势。更新层是决定未来林分结构的重要因子，也是林分可持续循环的决定性因子。但控制林分演替，须从林分垂直各层入手，调控各径阶株数比例、合理高度、母树数量等。随林龄增长，更新层株数减少，向演替层转移，演替层径级分布向右移，逐渐接近主林层径级分布。要通过优化结构，调控林分演替，可持续地经营复层异龄林，须从林分各层入手控制各树种径阶株数比例、合理高度和持续地确保有更新层的存在。

目前仍缺乏划分林层的可行的统一标准，以根据研究对象的不同来划分林层的现象较多(张惠光等，1999；吕勇等，2012；周君璞等，2013)。特别是对复层异龄林垂直层次的划分难度较大。本书按照 CHH 方法，将林层划分几个层次后，归类成主林层、演替层和更新层等 3 个层次。但每个层次划分高度和层数，因林分结构的不同而不同。根据林木生物学特征，a 值将会有差异，在同一群落中不同树种、不同林分密度时可能应取不同的经验值。因此，混交林的各树种 a 值的确定将是难点，需要慎重对待。本书中垂直结构各层次特点均基于 a 取值 0.5、量化分析各林层的结果。采用 CHH 法也有弊端和不足，如必须确定 a 值，必须准确测定树高、枝下高等两个指标。当标准地面积大或者林木株数多时工作量将大幅度增加。再如，在树高不同的情况下，由于树高和冠长大小的差异性，CHH 高度反差太大，甚至出现第二林层高于第一林层的现象。尤其兴安落叶松过伐林往往存在多代林，树高、冠长和活枝下高等个体差异增加了划分垂直分层的难度。

林分垂直结构是林分某个特定阶段的结构特征。随着林龄增长，在不同生长阶段的垂直结构将会发生变化。所以，如何动态表述林分垂直结构特征将是今后研究的重点。主林层、演替层和更新层等各层次林木应保留株数多少时其结构合理，树种处于什么比例时其功能最佳；各个层次的年龄处于什么结构时，林分结构最合理，更有利于更新和可持续经营；在林分中，不同树种达到不同林层高度以及形成现有垂直层次结构时所需要的时间等方面仍需深入研究。

第9章

过伐林结构与功能关系

9.1 试验方法

9.1.1 标准地调查

设置 14 块方形标准地（表 9-1），面积有 20m×30m、30m×30m、30m×40m、40m×40m 等 4 种。进行每木检尺。将标准地按 5m×5m 进行网格化，将标准地按对应面积划分为 24、36、48、64 等不同数量的样方。以标准地西南角作为坐标原点，用皮尺测量各样方内的林木在标准地内的相对坐标（X，Y），X 表示东西方向坐标，Y 表示南北方向坐标。应用方差/均值比率法（$V/\bar{X}$）、平均拥挤度（$\bar{M}$）、聚块性指标（$\bar{M}/M$）、丛生指标（I）、负二项参数（K）、Cassie 指标（CA）等 6 种聚集度指标的方法共同检验（惠刚盈等，2007），求算林木空间格局。

9.1.2 植物多样性

在标准地对角线上设置 3 个 2m×2m 和 1m×1m 的样方，分别调查灌木和草本植物。计算每块标准地灌木和草本总多样

表 9-1　标准地基本情况

标准地号	林分密度（株/hm²）	树种组成	平均胸径（cm）	平均树高（m）	蓄积量（m³/hm²）	空间格局
1	1433	5 落 3 桦 2 杨	13.6	13.2	154.70	聚集分布
2	1019	9 桦 1 落 + 杨	10.8	9.9	62.87	聚集分布
3	1994	6 桦 4 落 + 杨	8.1	9.4	58.19	聚集分布
4	2238	5 落 5 桦 - 杨	10.4	10.9	121.18	聚集分布
5	1983	5 桦 5 落 + 杨	9.1	10.5	74.47	聚集分布
6	2775	7 落 3 桦 + 杨	9.6	10.7	121.16	聚集分布
7	1750	6 落 3 桦 1 杨	12.0	10.9	129.62	聚集分布
8	1425	7 落 3 桦 + 杨	12.8	12.1	112.99	聚集分布
9	2556	7 桦 3 落 - 杨	9.4	10.0	97.28	聚集分布
10	1367	8 落 2 桦	12.2	10.3	96.96	均匀分布
11	2067	8 落 1 桦 1 杨	11.8	10.5	148.75	聚集分布
12	1722	7 落 3 桦 - 杨	12.7	11.1	152.80	聚集分布
13	2233	7 落 3 桦	11.4	10.2	145.77	聚集分布
14	892	9 落 1 桦 - 杨	15.5	10.0	146.52	聚集分布

性指数。采用物种丰富度指数（Species richness index）（马克平，1994）、辛普森多样性指数（Simpson diversity index）（马克平等，1994；1995；1997；刘灿然等，1998）、香农多样性指数（Shannon diversity index）（马克平等，1994；1997；刘灿然等，1998）、Alatalo 均匀度指数（Evenness index）（马克平等，1994；1997）和生态优势度（Ecological dominance）（王贵霞等，2004）等 5 个指标来测定。公式如下：

样方调查

（1）物种丰富度指数

$$R = S/N$$

式中，R 为物种丰富度指数；S 为物种数目；N 为所有种的个体数。

（2）辛普森多样性指数

$$D = 1 - \sum_{i=1}^{s} [n_i(n_i - 1)/N(N - 1)]$$

式中，D 为辛普森多样性指数；n_i 为第 i 种个体数量；N 为所有种的个体数；s 为物种总数。

（3）香农多样性指数

$$H' = -\sum_{i=1}^{s}(n_i/N)\cdot\ln(n_i/N)$$

式中，H' 为香农多样性指数；n_i 为第 i 种个体数量；N 为所有种的个体数；s 为物种总数。

（4）Alatalo 均匀度指数

$$E_a = \{[\sum_{i=1}^{s}(n_i/N)^2]^{-1}-1\}/\{\exp[-\sum_{i=1}^{s}(n_i/N)\cdot\ln(n_i/N)]-1\}$$

式中，E_a 为均匀度指数；n_i 为第 i 种个体数量；N 为所有种的个体数；s 为物种总数。

（5）生态优势度

$$C = \sum_{i=1}^{s}[n_i(n_i-1)/N(N-1)]$$

式中，C 为生态优势度；n_i 为第 i 种个体数量；N 为所有种的个体数；s 为物种总数。

9.1.3 土壤理化性质测定

在标准地对角线上挖土壤剖面，长×宽×深尺寸为 80cm×80cm×50cm。其中，标准地 1~8，每块标准地挖 1 个土壤剖面。标准地 9~14，每块标准地挖 2 个土壤剖面。分别从土壤 A 层和 B 层进行土样采集。并每层各取 1 个环刀样品（环刀内壁直径 50.4mm，高 50mm，体积 100cm³），带回实验室称重量。鲜土在实验室做自然风干处理，然后研磨过筛，用于测定土壤有机质质量分数和全量养分质量分数（全氮、全磷、全钾）等化学性质。环刀样品用于测定土壤容重和土壤含水率等物理性质。

9.1.3.1 土壤物理性质分析方法

（1）土壤含水量：从每土层中采集土样 15~20g 放入铝盒带回实验室，采用烘干法，在 105°C 温度下烘干至恒定重量，测定土壤质量含水量。公式：$H = (M_1-M)/M\times100$。式中：H 为土壤质量含水量（%）；M 为烘干土质量（g），M_1 为湿土质量（g）。

（2）土壤容重：采用环刀法取样带回实验室烘干后称重量，测算土壤容重。公式：$d_v = W_s/V$。式中：d_v 为土壤容重（g/cm³）；W_s 为环刀内烘干土重量（g），V 为环刀体积（cm³）。

9.1.3.2 土壤化学性质分析方法

（1）全氮测定：采用半微量凯氏法。

（2）全磷测定：氢氧化钠高温熔融，采用碱熔－钼锑抗比色法。

（3）全钾测定：氢氧化钠高温熔融，采用碱熔－火焰光度法。

（4）有机质测定：采用重铬酸钾氧化－外加热法。

9.1.4 生物量测定

落叶松和白桦单株树干（W_d）、枝（W_l）、叶（W_{si}）、皮（W_{ba}）生物量计算公式如下：

（1）落叶松：$W_d = 3.053316E - 05(D^2H)^{0.933510}$，$W_l = 1.622762E - 05(D^2H)^{0.796064}$，$W_{si} = 2.024874E - 05(D^2H)^{0.584871}$，$W_{ba} = 9.519334E - 06(D^2H)^{0.854873}$。

（2）白桦：$W_d = 2.853E - 05(D^2H)^{0.89271}$，$W_l = 2.780E - 06(D^2H)^{1.02568}$；$W_{si} = 1.545E - 05(D^2H)^{0.61265}$，$W_{ba} = 2.392E - 05(D^2H)^{0.71131}$（韩铭哲等，1994）。式中，$W_d$、$W_l$、$W_{si}$、$W_{ba}$指干质量（t），$D$为胸径（cm），$H$为树高（m）。

本章中林分总生物量指林分中乔木地上部分的生物量。

9.1.5 碳储量测定

现国内外普遍运用的碳汇计量方法：生物量法（Foley J A，1995；Chang H P et al，1997；方精云，2000）、蓄积量法（康惠宁等，1996；郎奎建等，2000；王效科等，2001）、生物量清单法（Dixon R K et al，1994；王效科等，2000）、涡旋相关法（Valentini R et al，2000）、涡度协方差法（王文杰等，2007）、驰豫涡旋积累法（Sehulze E D et al，1999）。

我国对森林生态系统碳储量的研究由于所选研究方法、采样方法、分析计算方法和标准等的不同，比较容易产生估算偏差（赵俊芳等，2009），也缺乏凋落物碳库的研究。目前，森林生态系统碳储量的计算多采用生物量与含碳率相乘的计算方法（马钦彦等，2002），模型的应用尚不广泛，所建立的模型计算结果差异较大，不能准确反映我国森林生态系统碳储量，今后应着重建立统一、标准、全面的碳储量计算模型（杨晓菲等，2011）。程堂仁等（2008）认为，在一定的区域内，尽管树种各组分生物量在总生物量中所占的比例随树种的年龄、立地条件等变化而变化，但林分按生物量加权的平均含碳率值受这些因素的影响却很小，是一个相对稳定的值，其平均含碳率的变化幅度非常小。但森林生态系统的碳储量与储碳能力是一个随着时间连续变化的动态过程。目前诸多学者利用生物量与蓄积量模型，估算出森林碳储量（Dixon R K et al，1994；方精云，2000；刘国华等，

2000；王玉辉等，2001；赵敏等，2004；黄从德等，2007）。目前，国内外研究者大多采用0.5（方精云，2000；刘国华等，2000）或0.45（Levine J S et al，1995；周玉荣等，2000；王效科等，2001）作为所有森林类型的平均含碳率。程堂仁等（2008）认为，目前国内外普遍应用的两种森林植被生物量含碳率换算系数0.45与0.5，以0.48作为转换系数来估算全部森林乔木层的碳储量，估算结果可能更优。生长在不同区域的同一树种各组分的含碳率不尽相同，组成的林分含碳率也存在差异。森林碳储量的估算精度与估算单元的区域尺度密切相关。更精确的估算应该是依据不同区域不同森林类型而采用不同的含碳率转换系数。程堂仁等（2008）应用干烧法对小陇山林区主要林分类型的13种乔木、14种灌木、10种草本植物的不同器官（干、干皮、枝、叶、根）和7类林分的枯落物有机含碳率进行了测定。全国范围的大尺度森林生态系统的碳储量和碳密度研究较多，得出了植被、土壤和凋落物层的碳密度分布规律（周玉荣等，2000；王效科等，2001）。但由于区域性研究对象的广泛性和复杂性，以及基础数据和计算方法的不完善，导致不同学者在全国尺度上估算的我国森林植被碳储量差异较大（黄从德等，2007）。王效科等（2001）研究了中国森林生态系统碳储量，认为，从林龄级分布看，幼龄林、中龄林所占比例最高，分别占14.6%、29.7%。从类型构成看，栎类林最大，占22.4%，其次为落叶松林，占12.1%。因此，本节中碳储量计算采取以下方法：

（1）植物有机碳测定：采用重铬酸钾–硫酸氧化湿烧法。对各解析木的器官（干、皮、枝、叶）进行取样（取样量200g左右）。其中，干、皮从树干基部到梢头分段取样；枝（带皮）从粗枝到细枝按比例取样；叶从不同大小和不同位置的叶片中混和取样。

（2）估算碳储量公式（孙玉军等，2007）：$C = B \times C_c$。式中：C为碳储量（t）；B为地上部分生物量（t）；C_c为含碳率（%）。

应用Excel软件，对数据的计算及处理。运用SPSS Statistics 17.0软件，进行数据统计分析。

9.2　林分蓄积量

林分密度892~2775株/hm² 的兴安落叶松过伐林，其林分蓄积量为58.19~154.70 m³/hm²，变化幅度较大。随着林分密度的增长，林分蓄积量无明显规律性，两者无显著相关关系（表9-2）。林分蓄积量与林分平均胸径、落叶松成数以及林分径阶范围呈显著正相关，与白桦成数呈显著负相关（表9-2）。说明，林分

表 9-2　林分主要结构因子间的相关分析

项目	平均胸径			蓄积量					最大径阶	
	林分密度	落叶松成数	白桦成数	平均胸径	最大径阶	落叶松成数	白桦成数	平均胸径	平均树高	白桦成数
R^2	-0.684**	0.574*	-0.641*	0.695**	0.771**	0.656*	-0.751**	0.722**	0.654*	-0.603*
Sig.	0.007	0.032	0.014	0.006	0.001	0.011	0.002	0.004	0.011	0.023
N	14	14	14	14	14	14	14	14	14	14

密度影响林分蓄积量较复杂，与林分分化程度和径阶分布有关系。如标准地 14，林分密度仅 892 株/hm²，但平均胸径 15.5cm，径阶范围大（最大径阶 34），所以林分蓄积量相对高。在林分中往往存在丛生白桦，导致小径阶株数占多数。这样林分密度中白桦株数较多时，使林分蓄积量并不能提高多少。也就说落叶松成数增多时，有利于林分平均胸径的增大，从而提高了林分蓄积量。如标准地 4 和 5，标准地 6 和 9，标准地 2 和 14 等。这表明，林分蓄积量的大小主要由林分密度、林分平均胸径和树高来决定，即由接近林分平均胸径的林木株数所决定。在这种情况下，一定密度范围之内，随着林分密度的增加，林分蓄积量也增加。

拟合了兴安落叶松单株材积生长模型（表 9-5）。模型 R^2 为 0.998，模型经检验，F 值为 302308.845，在 0.01 水平上极显著。模型有效。

9.3　林分生物量

兴安落叶松过伐林林分生物量为 30.04 ~ 85.75t/hm²（表 9-3）。林分生物量大小主要与树种组成、径阶范围有关（表 9-4）。与林分平均树高、蓄积量、落叶松成数和径阶范围呈显著正相关，与白桦成数呈显著负相关（表 9-4）。落叶松成数和径阶范围的增加，将提高林分平均胸径，从而提高林分生物量。由于丛生白桦的存在，白桦成数增加时，尽管林木数量增多，但将大幅降低林分平均胸径，使得林分生物量并不占优势。

将林分各器官按照其生物量占总生物量的比例从大到小的排序为：干 > 枝 > 皮 > 叶，其比例变幅分别为 64.0% ~ 72.1%，12.9% ~ 16.6%，11.8% ~ 15.2%，2.9% ~ 5.7%。其平均比例分别为 68.4%，14.6%，13.0%，4.0%（表 9-3）。

拟合了单株地上部分及树干（未带皮）、皮、枝、叶等各器官生物量生长模型（表 9-5）。各项模型相关系数在 0.667 ~ 0.973，模型经检验，均在 0.01 水平上极显著，模型有效。

表9-3　林分生物量和碳储量各器官分配

标准地号	林分生物量（t/hm²）	生物量分配（%）				林分碳储量（t/hm²）	碳储量分配（%）			
		干	枝	叶	皮		干	枝	叶	皮
1	85.27	69.5	15.5	3.2	11.8	38.69	65.2	17.9	3.4	13.6
2	30.04	64.0	16.6	4.9	14.5	12.99	53.6	20.6	6.3	19.5
3	39.12	64.9	14.2	5.7	15.2	21.13	64.4	13.5	5.9	16.3
4	72.09	67.2	15.6	4.2	12.9	38.06	67.5	14.5	4.3	13.7
5	50.36	67.3	13.5	4.7	14.5	28.84	68.6	12.5	4.2	14.7
6	80.89	67.4	15.4	4.5	12.8	40.33	64.6	15.8	4.7	14.9
7	75.28	68.8	15.3	3.6	12.3	41.49	71.5	10.5	3.6	14.3
8	70.73	70.0	14.3	3.4	12.3	38.24	72.9	9.2	3.5	14.3
9	55.60	65.8	15.1	4.7	14.3	28.21	64.4	14.7	4.9	16.0
10	53.29	69.6	14.1	3.7	12.6	27.94	69.6	12.5	3.9	13.9
11	79.90	69.9	14.2	3.6	12.3	41.92	70.2	12.6	3.6	13.6
12	85.75	71.2	13.4	3.1	12.2	44.84	71.4	12.1	3.1	13.4
13	78.94	69.3	14.4	3.8	12.6	41.24	69.5	12.9	3.8	13.9
14	56.35	72.1	12.9	2.9	12.0	29.74	72.6	11.3	2.9	13.1

表9-4　林分因子与林分生物量和碳储量的相关分析

因子	项目	平均树高	蓄积量	落叶松成数	白桦成数	最大径阶	林分碳储量
林分生物量	R^2	0.635*	0.877**	0.555*	-0.652*	0.706**	0.974**
	Sig.	0.015	0.000	0.039	0.011	0.005	0.000
	N	14	14	14	14	14	14
林分碳储量	R^2	0.542*	0.838**	0.627*	-0.691**	0.692**	—
	Sig.	0.045	0.000	0.016	0.006	0.006	—
	N	14	14	14	14	14	—

表9-5　兴安落叶松单株生长模型

项目	模型编号	模型	R^2	F值	显著水平	自由度
单株材积	1	$v = 0.000039D^2H + 0.001277$	0.998	302308.845	0.000	618
单株未带皮树干干重(t)	2	$W_d = 3.053316E-05(D^2H)^{0.933510}$	0.973	2193.403	0.000	63
单株皮干重(t)	3	$W_{ba} = 9.519334E-06(D^2H)^{0.854873}$	0.951	1194.892	0.000	63
单株枝干重(t)	4	$W_l = 1.622762E-05(D^2H)^{0.796064}$	0.734	170.684	0.000	63
单株叶干重(t)	5	$W_{si} = 2.024874E-05(D^2H)^{0.584871}$	0.667	124.233	0.000	63
单株地上干重(t)	6	$W_{on} = 6.619821E-05(D^2H)^{0.878558}$	0.967	1830.192	0.000	63

为了进一步论证林分结构对林分生物量及生产力的影响，利用其他 14 块标准地数据，分析了不同结构过伐林的生物量及生产力特征。在全球气候变化背景下，对森林生物生产力和其分布格局变化趋势（Neilson R P，1993；李伟等，2008）以及对气候变化的响应机制的研究（刘世荣等，1998；赵俊芳等，2008；侯英雨等，2007）是实现森林资源的快速监测、了解气候变化对森林生态系统影响关系的一个窗口，也是指导未来气候变化背景下森林资源的定量预测和合理开发利用的理论依据。森林生物量生产力研究有观测研究（冯林等，1985；刘世荣等，1990；刘志刚等，1994；Peng C H *et al*，1999；李贵祥等，2006）和模拟研究（Lieth H，1975；Uchijima Z *et al*，1985；励龙昌等，1991；周广胜等，1996）等两种形式。目前，国内外研究以生物量及分配规律（张群等，2008）、全球气候变化下生产力动态和分布格局研究居多，而对林分结构和生物量生产力关系研究（张国斌等，2008）较少。本文选择大兴安岭森林常见的草类 – 落叶松林和杜香 – 落叶松林两种林型，分析不同结构兴安落叶松天然中龄林（41 ~ 80 年）生物量和生产力特征，提出其影响因子，为天然林经营、演替动态以及森林碳循环的进一步研究提供理论依据。

9.3.1　试验方法

9.3.1.1　样地调查

选择代表性的草类 – 落叶松林和杜香 – 落叶松林，共设置 14 块样地（表 9-6）。其设置方法见玉宝等（2009）研究文献。

在样地内每木调查，量测树高、胸径、冠幅、枝下高，调查记载样地立地因子等。每块样地选 3 株分级木（优势木、平均木、被压木各 1 株），共 36 株（落叶松），进行树干解析（表 9-7）。样地 2、13、14 仅选 1 株。

9.3.1.2　分级木选择

根据每木检尺数据，用公式 $D_r = r/R$（D_r：林木相对直径；r：林木胸径；R：林分平均胸径），求出每株 D_r 值，将其划分为 1 ~ 5 级（冯林等，1989）。将 1、2 级木划入优势木，3 级木划入平均木，4、5 级木划入被压木。分级标准：①优势木指生长良好，无病虫害，树冠最大且占据林冠上层，在样地内同龄级林木中，胸径和树高最大，$D_r \geq 1.02$；②平均木指生长尚好，无病虫害，树冠较窄，胸径和树高较优势木差，位于林冠中层，树干圆满度较优势木大，在样地内同龄级林木中，胸径和树高与林分平均胸径和平均高最接近，$0.70 \leq D_r < 1.02$；③被压木指生长不良，无病虫害，树高和胸径生长均落后，树冠受挤压严重，处于明显被压状态，$0.35 \leq D_r < 0.70$。

表 9-6　14 块样地基本情况

样地号	年龄（年）	平均胸径（cm）	平均高（m）	密度（株/hm²）	树种组成	林型	坡度（°）	坡向	坡位
1	65	8.2	7.8	2792	8 落 2 阔	1	10	S	下
2	61	14.4	9.6	315	7 落 3 阔	1	22	S	中
3	56	12.5	9.4	1533	9 落 1 阔	1	20	S	中
4	58	9.3	9.2	1062	8 落 2 阔	1	25	S	中
5	58	15.9	8.9	865	10 落	2	25	N	中
6	63	8.7	8.1	1494	8 落 2 阔	2	30	N	上
7	56	10.8	9.0	1533	6 落 4 阔	2	30	N	中
8	62	12.9	9.8	1691	9 落 1 阔	2	30	N	中
9	58	10.0	10.4	1101	7 落 3 阔	2	25	NW	下
10	60	9.2	11.8	2241	10 落	2	15	NW	下
11	61	12.8	9.7	2045	9 落 1 阔	1	45	S	上
12	54	7.4	9.3	1966	6 落 4 阔	2	15	SW	下
13	48	10.1	8.7	2359	8 落 2 阔	1	60	E	下
14	42	10.0	10.1	1573	6 落 4 阔	1	5	SW	下

注：林型中 1 指草类－落叶松林型；2 指杜香－落叶松林型。树种组成中，阔指白桦。

9.3.1.3　生物量测定

（1）单株生物量测定

①树干生物量：将解析木按 1 m 分段现场测定其鲜重，并截取圆盘，在实验室测定干重，计算不同区分段含水率，推算解析木树干（带皮）生物量。

②枝、叶生物量：测定树冠所有枝基径和枝长，并将树冠分上中下 3 层，每层 4 个方向各截取 2 个标准枝，剥取其上全部叶片，将枝和叶分别带回实验室，测定干重。利用标准枝基径和枝长，建立枝、叶生物量模型，再推算全部枝、叶生物量。

③单株地上生物量：为单株树干（带皮）、枝、叶生物量之和。

林分中阔叶树为白桦，其单株树干（W_D）、枝（W_l）、叶（W_{si}）生物量的计算公式（韩铭哲，1994）为：$W_D = 0.02853(D^2H)^{0.8927}$；$W_l = 0.00278(D^2H)^{1.0257}$；$W_{si} = 0.01545(D^2H)^{0.6127}$。式中：$D$ 为胸径（cm）；H 为树高（m）；W_D、W_l、W_{si} 指干重（t）。

（2）林分生物量测定

利用解析木胸径和树高建立单株各器官生物量模型。根据模型和每木检尺数据，求算林分乔木（兴安落叶松、白桦）地上、干、枝和叶生物量。文中总生物量指乔木地上部分总生物量。

表9-7 解析木生物量实测值

样木号	胸径（cm）	树高（m）	生物量（t）			样木号	胸径（cm）	树高（m）	生物量（t）		
			干	枝	叶				干	枝	叶
1-优	8.3	10.1	0.0120	0.0023	0.0009	7-被	3.8	5.9	0.0014	0.0007	0.0005
1-平	6.7	9.6	0.0053	0.0010	0.0006	8-优	10.2	14.5	0.0281	0.0030	0.0013
1-被	4.2	5.5	0.0014	0.0004	0.0003	8-平	9.0	11.2	0.0209	0.0033	0.0009
2-平	9.0	8.4	0.0133	0.0077	0.0020	8-被	3.4	5.0	0.0003	0.0004	0.0003
3-优	8.6	11.9	0.0156	0.0017	0.0009	9-优	15.0	13.8	0.0555	0.0085	0.0027
3-平	8.1	8.1	0.0093	0.0052	0.0021	9-平	7.9	10.5	0.0147	0.0021	0.0009
3-被	4.5	5.1	0.0014	0.0007	0.0004	9-被	4.3	8.0	0.0030	0.0005	0.0003
4-优	9.6	8.4	0.0130	0.0121	0.0028	10-优	10.8	12.0	0.0283	0.0025	0.0010
4-平	6.8	6.8	0.0046	0.0017	0.0008	10-平	8.4	12.2	0.0210	0.0020	0.0008
4-被	4.8	5.9	0.0017	0.0012	0.0006	10-被	4.5	6.9	0.0042	0.0003	0.0001
5-优	8.3	8.9	0.0111	0.0055	0.0022	11-优	14.3	14.9	0.0490	0.0078	0.0019
5-平	7.8	10.0	0.0134	0.0022	0.0010	11-平	9.8	10.6	0.0497	0.0068	0.0015
5-被	4.5	6.2	0.0014	0.0009	0.0005	11-被	6.1	7.0	0.0080	0.0023	0.0006
6-优	9.4	10.5	0.0185	0.0038	0.0016	12-优	11.9	14.2	0.0422	0.0059	0.0014
6-平	6.6	9.0	0.0073	0.0018	0.0004	12-平	8.9	10.5	0.0160	0.0007	0.0003
6-被	3.9	5.0	0.0019	0.0005	0.0003	12-被	5.2	7.5	0.0045	0.0018	0.0007
7-优	9.9	11.3	0.0206	0.0030	0.0013	13-优	10.6	11.4	0.0281	0.0101	0.0022
7-平	8.5	11.4	0.0155	0.0029	0.0011	14-优	11.2	13.4	0.0370	0.0053	0.0018

注：1-优，指样地1优势木，1-平，指样地1平均木；1-被，指样地1被压木。

9.3.1.4 统计分析

数据统计分析采用 SPSS 13.0 软件。为充分考虑林分密度对生物量的影响，将两种林型密度划分为 <1000 株/hm²、1000~2000 株/hm²、2000~3000 株/hm² 等三个密度水平进行讨论。

9.3.2 生物量模型

根据解析木数据（表9-7），建立了兴安落叶松单株总生物量（W_{on}）、带皮树干（W_D）、枝（W_l）、叶（W_{si}）生物量测定模型（表9-8）。各项模型相关系数达 0.637~0.968，经检验均在 0.01 水平上显著，模型有效。从模型拟合效果看，单株及干生物两模型以幂函数模型为佳。枝生物量模型以枝径和枝长拟合的幂函数模型为最佳，叶生物量模型以线性模型的效果最佳。但从实用性角度看，枝、叶生物量模型以线性模型较好。

表9-8 单株及其各器官生物量模型

项目	生物量模型	R^2	F 值	显著水平
单株	1. $W_{on} = 3.6624E - 05(D^2H)^{0.9481}$	0.968	1758.652	$1.277E - 45$
	2. $W_{on} = 0.0181D - 0.0077H - 0.0509$	0.799	115.699	$5.702E - 21$
干	1. $W_D = 1.3631E - 05(D^2H)^{1.0545}$	0.953	1188.629	$8.520E - 41$
	2. $W_D = 0.0153D - 0.0062H - 0.0469$	0.788	107.806	$2.901E - 20$
枝	1. $W_l = 3.0429E - 05(d^2l)^{1.0106}$	0.918	4198.398	$1.912E - 206$
	2. $W_l = 1.6367E - 05(D^2H)^{0.7817}$	0.722	153.470	$4.650E - 18$
	3. $W_l = 0.0026D - 0.0014H - 0.0039$	0.804	119.099	$2.908E - 21$
叶	1. $W_{si} = 1.6541E - 05(d^2l)^{0.6343}$	0.754	1152.453	$1.071E - 116$
	2. $W_{si} = 2.6195E - 05(D^2H)^{0.5540}$	0.637	103.599	$1.320E - 14$
	3. $W_{si} = 0.0003D - 0.0001H - 0.00002$	0.823	135.182	$1.463E - 22$

9.3.3 林型影响

两种林型平均生产力、总生物量及其枝和叶生物量比例均较林型1的高。但总生物量中树干生物量比例为林型2的高(表9-9)。这可能与坡向有关,林型1的样地多数分布于阳坡,林型2样地多数分布于阴坡(表9-6)。密度小于1000株/hm²时,由于两个样地密度相差较大(分别为315株/hm²和865株/hm²),导致林型1总生物量和生产力低于林型2(表9-9)。密度在1000~3000株/hm²范围内,林型1和林型2生物量及生产力最高分别达55.82t/hm²,0.99t/(hm²·年)和50.36t/hm²、0.83t/(hm²·年);其干、枝和叶生物量比例最低分别为79.6%、14.6%、4.8%和83.4%、8.8%、3.6%。

表9-9 不同林型平均生物量和生产力

林型	密度水平(株/hm²)	年龄(年)	总生物量(t/hm²)	生物量比例(%)			生产力[t/(hm²·年)]
				干	枝	叶	
1	<1000	61	14.8034	81.3	14.8	3.9	0.2427
	1000~2000	42~58	37.1992	79.9	14.6	5.5	0.7345
	2000~3000	48~65	55.8239	79.6	15.6	4.8	0.9912
2	<1000	58	43.0974	93.6	4.4	2.0	0.7474
	1000~2000	54~63	32.5087	83.4	12.1	4.5	0.5516
	2000~3000	60	50.3562	87.6	8.8	3.6	0.8346

9.3.4　林分密度影响

随着密度增加，林型 1 总生物量、生产力明显增加，干生物量比例趋于减小，枝、叶生物量总体比例有所增加（表 9-9）。由于林分密度增加，将抑制林木直径生长，总生物量中的树干生物量比例也自然减小。林型 2 的生物量及生产力随密度的变化，无明显规律（表 9-9）。这可能与林龄有关，兴安落叶松天然林更新较好，年龄结构复杂。同一林分当中，往往存在多代林木，尽管年龄相差一个龄级内（20 年）可视为同龄林，但林龄对生物量生产力影响是可以肯定的，这一方面还需深入研究。

9.3.5　树种组成影响

在同密度水平下，随着树种组成中落叶松成数的增加，生产力、总生物量及其树干生物量比例呈增加趋势，而枝、叶生物量比例减小。如样地 3、4，林分年龄和立地条件相近、林型相同，尽管林分密度不同，但随着树种组成中落叶松成数增加，生物量及生产力增加（表 9-6、表 9-10）。再如样地 6、8，林分年龄和密度相近，林型相同，尽管立地条件不同，但随着树种组成中落叶松成数增加，生物量及生产力也增加（表 9-6、表 9-10）。同理，样地 3、14，样地 8、9 等。

表 9-10　不同树种组成林分平均生物量和生产力

林型	密度水平（株/hm²）	林分密度（株/hm²）	年龄（年）	树种组成	总生物量（t/hm²）	生物量比例（%）			生产力[t/（hm²·年）]
						干	枝	叶	
1	<1000	315	61	7 落 3 阔	14.80	81.3	14.8	3.9	0.24
	1000~2000	1573	42	6 落 4 阔	38.30	73.5	20.0	6.5	0.91
		1062	58	8 落 2 阔	18.57	85.4	10.2	4.4	0.32
		1533	56	9 落 1 阔	54.73	80.9	13.6	5.6	0.97
	2000~3000	2000~3000	48~65	8 落 2 阔	45.83	76.7	17.6	5.7	0.87
		2045	61	9 落 1 阔	75.81	85.4	11.7	2.9	1.24
2	<1000	865	58	10 落	43.10	93.6	4.4	2.0	0.75
	1000~2000	1000~2000	54~56	6 落 4 阔	27.69	82.2	13.1	4.6	0.50
		1101	58	7 落 3 阔	24.53	83.5	12.1	4.4	0.43
		1494	63	8 落 2 阔	21.23	80.2	13.6	6.2	0.34
		1691	62	9 落 1 阔	61.39	88.7	8.7	2.6	0.99
	2000~3000	2241	60	10 落	50.36	87.6	8.8	3.6	0.83

9.3.6　小结

分析了不同结构兴安落叶松天然中龄林的生物量和生产力特征，建立了单株总生物量、干、枝、叶生物量模型。

（1）建立了测定单株地上总生物量、干、枝叶生物量的幂函数和线性两种模型。从模型拟合效果及实用性来看，单株及干生物两模型以幂函数模型为佳。枝、叶生物量模型以线性模型较好。由于样地数据有限，所建立的模型中，未充分考虑不同林型对生物量的影响，在今后研究当中若能建立分林型的单株及各器官生物量模型，将会更加实用。

（2）两种林型林分生产力、总生物量及其枝和叶生物量比例均草类－落叶松林的高。而总生物量中树干生物量比例为杜香－落叶松林的高。两种林型乔木地上总生物量的分配为：干＞枝＞叶。密度在 1000～3000 株/hm² 范围内，草类－落叶松林和杜香－落叶松林生物量及生产力最高分别达 55.82t/hm²、0.99 t/（hm²·年）和 50.36t/hm²、0.83t/（hm²·年）。干、枝、叶生物量比例最低分别为 79.6%、14.6%、4.8% 和 83.4%、8.8%、3.6%。

（3）随密度增加，草类－落叶松林总生物量、生产力明显增加，干生物量比例趋于减小，枝、叶生物量总体比例有所增加。这与曾立雄等（2008）研究相符，也与丁贵杰等（2001；2003）研究结果一致。

（4）随树种组成中落叶松成数的增加，林分生产力、总生物量及其树干生物量比例呈增加趋势，而枝、叶生物量比例减小。

9.4　林分碳储存量

兴安落叶松过伐林林分碳储量为 12.99～44.84t/hm²（表9-3）。影响林分碳储量大小的因子与影响林分生物量的因子比较相近，也主要与树种组成、径阶范围有关（表9-4）。与林分平均树高、蓄积量、落叶松成数和径阶范围呈显著正相关，与白桦成数呈显著负相关（表9-4）。落叶松成数和径阶范围的增加，将提高林分平均胸径，从而间接提高林分碳储量。由于丛生白桦的存在，白桦成数增加时，尽管林木数量增加，却大幅降低林分平均胸径，因此也降低了林分碳储量。

将林分各器官按照其碳储量占总碳储量的比例从大到小的排序为：干最大，枝次之，皮和叶的排序为因标准地的不同而不同。其比例变幅分别为 53.6%～72.9%，9.2%～20.6%，13.1%～19.5%，2.9%～6.3%。其平均比例分别为 67.6%，13.6%，14.7%，4.2%。各器官平均碳储量比例排序为：干＞皮＞枝

>叶。

森林作为一个动态的碳库，其储存碳的能力不仅取决于森林面积，还取决于森林的质量，即单位面积的森林碳密度（胡会峰等，2006）。碳储存的量和过程变化是判定森林为大气 CO_2 "源"或"汇"的主要依据（黄从德等，2007）。20 世纪 70 年代以来，尤其是 80 年代末期之后，国外对全球和区域尺度的森林碳储量（Post W M et al，1982；Eswaran H et al，1993；Bernoux M，2002）进行了广泛研究，取得了很大进展，我国近年来在这方面也开展了大量工作（周玉荣等，2000；王效科等，2001；黄从德等，2007）。闫平等（2008）对兴安落叶松 3 种林型碳储量进行了测算，并测定了兴安落叶松和白桦等主要树种各器官的碳密度。研究认为，兴安落叶松林各组分碳素密度的排列顺序为：枝＞干＞叶＞根。孙玉军等（2007）研究得出，兴安落叶松林幼中龄林总的碳储量为 4.84×10^7 t，碳密度为 19.616t/hm²。近年来表现出了明显的碳汇功能，但整体上碳固定能力还不强，碳密度低于我国平均森林碳密度。

9.5 林下植物多样性

14 块标准地丰富度指数、辛普森指数、香农指数、均匀度指数和生态优势度变幅分别为：$0.001 \sim 0.041$，$0.287 \sim 0.88$，$0.559 \sim 2.376$，$0.344 \sim 0.736$，$0.12 \sim 0.713$；其平均值分别为：0.013，0.599，1.468，0.534，0.401。

林下灌木和草本植物多样性与林分密度无显著相关关系（表 9-11、表 9-12），与白桦成数、林分郁闭度呈显著正相关（表 9-12）。这可能由以下原因导致：林分密度和郁闭度不高（平均郁闭度 0.7），对灌草生长影响可能不明显；本地区灌草植物种数较少（平均 15 种），不同结构林分之间变化并不大；与灌木和草本种类及其生态学特征有关。在各标准地中，出现了东方草莓 Fragaria orientalis、红花鹿蹄草 Pyrola incarnata、二叶舞鹤草 Maianthemum bifolium 和老鹳草 Geranium wilfordi 等喜阴、喜湿草本植物，杜香 Ledum palustre 和笃斯越橘 Vaccinium uliginosum L. 等喜阴灌木，尤其在标准地 9～14 中较多见（表 9-13）。当郁闭度增大时，更有利于喜阴植物的生长。但各标准地中，更多出现以小叶章 Deyeuxia angustifolia、苔草 Carex appendiculata、柳兰 Chamaenerion angustifolium、地榆 Sanguisorba officinalis、裂叶蒿 Artemisia laciniata、野豌豆 Vicia baicalensis 和林问荆 Equisetum sylvaticum 等喜光草本植物和杜鹃 Rhododendron dauricum、绣线菊 Rosaceae spiraea、珍珠梅 Sorbaria sorbifolia 等喜光灌木（顾云春，1985；王绪高等，2004；孙家宝等，2010）。这也说明了林分目前的郁闭度相对还小，一定程度上促进了喜光植物的生长。在表 9-13 中仅列出了覆盖度≥10% 的灌木和草本植物种类。

表9-11　各标准地林下灌木和草本植物多样性

标准地号	丰富度指数	辛普森指数	香农指数	均匀度指数	生态优势度
1	0.010	0.660	1.617	0.479	0.340
2	0.006	0.543	1.065	0.624	0.457
3	0.005	0.749	1.681	0.683	0.251
4	0.008	0.734	1.770	0.565	0.266
5	0.017	0.845	2.166	0.701	0.155
6	0.008	0.598	1.324	0.538	0.402
7	0.007	0.427	1.049	0.401	0.573
8	0.011	0.654	1.603	0.475	0.346
9	0.041	0.880	2.376	0.736	0.120
10	0.001	0.287	0.559	0.539	0.713
11	0.008	0.317	0.854	0.344	0.683
12	0.015	0.519	1.340	0.381	0.481
13	0.012	0.322	0.855	0.350	0.678
14	0.034	0.856	2.293	0.658	0.144

表9-12　林分因子与植物多样性指标的相关分析

项目	均匀度指数					郁闭度			
	蓄积量	白桦成数	最大径阶	林分生物量	林分碳储量	辛普森指数	香农指数	均匀度指数	生态优势度
R^2	-0.709**	0.584*	-0.591*	-0.763**	-0.763**	0.661*	0.569*	0.537*	-0.661*
Sig.	0.005	0.028	0.026	0.002	0.002	0.010	0.034	0.047	0.010
N	14	14	14	14	14	14	14	14	14

表9-13　各标准地覆盖度≥10%的灌木和草本植物种类

标准地号	植物名	覆盖度（%）	标准地号	植物名	覆盖度（%）	标准地号	植物名	覆盖度（%）
1	绣线菊	15.0	5	红豆	10.0	10	杜香	42.5
1	野草莓	17.5	5	枝刺梅	10.0	10	笃斯越橘	52.5
1	红豆	36.7	6	小叶章	30.0	11	红花鹿蹄草	20.0
1	苔草	40.0	6	杜鹃	50.0	11	苔草	60.0
1	杜鹃	41.7	6	杜香	25.0	11	小叶章	35.0
2	红豆	52.5	6	红豆	35.0	11	野草莓	30.0
2	小叶章	35.0	7	林问荆	10.0	11	笃斯越橘	50.0

标准地号	植物名	覆盖度（%）	标准地号	植物名	覆盖度（%）	标准地号	植物名	覆盖度（%）
2	杜鹃	67.5	7	苔草	16.7	12	苔草	75.0
3	苔草	65.0	7	杜鹃	36.7	12	小叶章	10.0
3	小叶章	16.7	7	红豆	63.3	12	野草莓	17.5
3	杜鹃	48.3	7	枝刺梅	11.5	12	野豌豆	15.0
3	红豆	31.7	8	碱草	10.0	12	茶藨子	40.0
4	苔草	80.0	8	苔草	36.7	12	笃斯越橘	42.5
4	小叶章	32.0	8	小叶章	11.7	13	苔草	30.0
4	野草莓	30.0	8	杜鹃	55.0	13	小叶章	35.0
4	杜鹃	22.0	8	红豆	38.3	13	茶藨子	10.0
4	杜香	40.0	9	苔草	57.5	13	杜鹃	60.0
4	红豆	22.7	9	蚊草	17.5	13	笃斯越橘	57.5
4	枝刺梅	10.0	9	小叶章	65.0	14	凤毛菊	60.0
5	苔草	70.0	9	野草莓	20.0	14	苔草	45.0
5	小叶章	28.3	9	刺玫	20.0	14	小叶章	75.5
5	杜鹃	17.5	9	绣线菊	20.0	14	绣线菊	12.5
5	杜香	37.5	10	毛梳藓	85.0	14	笃斯越橘	12.5

9.6 土壤改良效果

针阔混交林不同采伐强度对土壤理化性的影响有差异，从总的趋势看，合理采伐后土壤密度逐渐下降，土壤孔隙度提高，通气性更好，提高了土壤的透水、蓄水和供水能力，土壤有效养分高于未采伐林分，土壤理化性质在趋于改善（张泱等，2011）。各标准地土壤 AB 层的理化性质无明显规律性（表 9-14）。14 块标准地 A 层土壤全磷、全钾、全氮和有机质含量变幅分别为：0.23 ~ 0.97，14.04 ~ 17.36，1.66 ~ 9.64，27.85 ~ 160.61g/kg；其平均值分别为：0.528，15.396，4.224，70.206g/kg。A 层土壤含水率和容重变幅分别为：78.35% ~ 128.62%，1.01 ~ 1.06g/cm^3；其平均值分别为：105.133%，1.028g/cm^3。

14 块标准地 B 层土壤全磷、全钾、全氮和有机质含量变幅分别为：0.07 ~ 0.7，13.89 ~ 23.98，1.44 ~ 5.98，20.19 ~ 96.31g/kg；其平均值分别为：0.423，16.512，3.38，50.534g/kg。B 层土壤含水率和容重变幅分别为：90.7% ~ 142.96%，1.01 ~ 1.06g/cm^3；其平均值分别为：106.72%，1.03g/cm^3。由于从试验地采集土样时间为正值雨季（8 月份），故测出来的土壤 A 层和 B 层的含水率异常高,不能完全代表正常值。

经相关分析,A层土壤容重与白桦成数呈正相关,与落叶松成数、林分蓄积量、生物量和碳储量呈显著负相关(表9-15)。丰富度指数、辛普森指数、香农指数等与林分B层土壤全钾含量呈显著正相关(表9-16)。说明,灌木和草本多样性指数增加,将提高土壤养分含量,能够改良土壤。针叶林的枯落物累积量明显高于阔叶林。针叶林最大持水量大于针阔混交林,阔叶林最小(姜海燕等,2007)。混交林的枯落物分解速率较针叶林快(聂道平等,1997)。

林分结构对土壤理化性质影响研究主要集中于人工林的研究(盛炜彤,2001;康冰等,2009;王海燕等,2009)。陈立新等(2006)研究认为,落叶松天然林土壤肥力较人工林好,人工林随着林龄的增长,土壤肥力迅速下降。因此,过伐林结构对土壤理化性质影响有必要深入探讨。

表 9-14　各标准地土壤物理和化学性质测定

标准地号	土层	全量养分质量分数(g/kg)			有机质质量分数(g/kg)	含水率(%)	容重(g/cm³)
		全磷	全钾	全氮			
1	A	0.71	14.04	3.16	54.93	111.86	1.02
1	B	0.60	16.77	1.66	27.64	104.49	1.04
2	A	0.73	14.67	2.59	37.46	102.53	1.06
2	B	0.44	15.13	2.01	46.75	103.10	1.06
3	A	0.38	14.07	3.59	51.77	99.28	1.05
3	B	0.56	14.97	3.09	57.03	101.69	1.02
4	A	0.41	15.56	1.74	27.85	106.74	1.02
4	B	0.37	15.15	2.27	20.19	97.58	1.02
5	A	0.94	17.36	1.66	32.77	86.79	1.04
5	B	0.50	22.57	2.23	20.39	93.24	1.03
6	A	0.53	16.47	2.31	38.43	78.35	1.03
6	B	0.33	14.26	1.44	23.90	100.07	1.03
7	A	0.45	16.31	4.28	71.34	100.30	1.03
7	B	0.37	15.38	2.61	26.72	90.70	1.03
8	A	0.24	15.35	2.79	45.73	125.29	1.01
8	B	0.28	15.90	2.62	44.70	101.54	1.01
9	A	0.23	14.96	5.19	103.16	128.62	1.02
9	B	0.20	23.98	4.78	63.29	—	—
10	A	0.97	14.83	5.51	97.52	88.84	1.01

（续）

标准地号	土层	全量养分质量分数（g/kg）			有机质质量分数（g/kg）	含水率（%）	容重（g/cm³）
		全磷	全钾	全氮			
10	B	0.70	13.89	5.67	77.88	131.83	1.04
11	A	0.34	14.83	6.27	104.51	116.73	1.02
11	B	0.30	15.46	5.98	66.35	—	—
12	A	0.53	15.39	4.60	59.99	110.39	1.03
12	B	0.07	14.78	4.23	70.54	142.96	1.02
13	A	0.39	14.96	9.64	160.61	108.77	1.02
13	B	0.60	16.40	4.95	65.79	—	—
14	A	0.54	16.74	5.81	96.81	107.37	1.03
14	B	0.60	16.53	3.78	96.31	—	—

表 9-15　林分因子与 A 层土壤容重相关分析

因子	项目	蓄积量	落叶松成数	白桦成数	林分生物量	林分碳储量
A 层土壤容重	R^2	−0.581*	−0.606*	0.629*	−0.624*	−0.638*
	Sig.	0.029	0.022	0.016	0.017	0.014
	N	14	14	14	14	14

表 9-16　林分因子与 B 层土壤全磷、全钾含量相关分析

项目	B 层土壤全钾				B 层土壤全氮/郁闭度
	丰富度指数	辛普森指数	香农指数	生态优势度	
R^2	0.722**	0.592*	0.681**	−0.592*	−0.555*
Sig.	0.004	0.026	0.007	0.026	0.039
N	14	14	14	14	14

综上所述，林分结构与功能关系十分复杂，在林分不同生长阶段，其各个功能都会有不同情况。根据目前的研究现状，将林分结构与功能关系以量化表述非常困难，仍需要深入系统开展研究和实践。如主林层、演替层、更新层等各个层次保留株数多少时其结构合理，处于什么比例时其功能最佳；各个层次的年龄结构处于什么结构时，结构最合理，更有利于更新和可持续经营。如幼龄多少株、中龄多少株、近熟多少株等，可按照解析木数据估算它的材积、蓄积比例。同时，可建立林木材积、林分蓄积和生物量与胸径 D、树高 H、年龄 A、株数 N 的

关系式，这样可以在林分不同林龄时应控制多少株数时合理，可直接估算其生物量、生产力、碳储量的多少。

蒋桂娟等(2012)研究认为，森林水源涵养功能的评价指标，可以归并为：林木生长指标(林分平均胸径和树高)、垂直结构指标(林分起源和林层)、林分质量指标(林分蓄积量)、乔灌草结构中的草本指标(草本盖度和高度)和灌木指标(灌木高度)等5个因子。阔叶林水源涵养功能优于针叶林，天然林优于人工林。徐洪亮等(2011)对大兴安岭落叶松天然林5种主要林分类型水源涵养功能研究后得出，其水源涵养能力依次为：杜鹃－落叶松林，落叶松纯林，樟子松－落叶松林，杜香－落叶松林，白桦－落叶松林。但不同树种组成、不同林龄的混交林水源涵养方面的研究仍然缺乏。

目前在对生物量转化为碳含量时的转换系数大多在0.45~0.55之间，并没有相应的准确的规定。我们需要一种更为直接，更为精确，可以针对不同树种，针对同一树种不同年龄的计量森林碳汇的方法(赵林等，2008)。但是无论哪种方法，在由生物量转换碳储量时都是使用转换系数实现的，而且所用的转换系数或者不分树种、或者不分林龄，使用同一的转换系数。这些方法仅适合于大尺度森林植被类型的碳储量计量与评价，而未能揭示不同树种由于碳储存速率变化差异引起的含碳量变化规律；对复层、异龄天然林，特别是经过干扰的过伐林来说，究竟单位面积的森林在单位时间内能储存多少碳，碳汇的多少和天然林林龄关系又是怎样均难以解释。因此，对树木生长过程中的不同林龄的碳汇储量进行计量，在评价人工林碳储功能方面具有重要的现实意义。对混交、异龄林来讲，更需要分树种、分年龄来测定碳储量。间伐可从林内移出一定比率的木材蓄积量，因此也就减少了植被的碳储量。但间伐可使林地光能利用率提高(Campbell J *et al*，2009)，且林下更新会弥补移出木带走的碳储量(Chiang J M *et al*，2008)。

过伐林多功能经营需要解决以下几点问题。首先，把过伐林结构进行优化以后，恢复其原有自然属性，接近具备自然状态天然林或原始林的结构特征和相应功能。其次，考虑过伐林功能划分问题。应根据立地条件，地理位置，当地经济社会、政策条件，将林分按各类功能的高低水平划入相应的功能林。而不应一块森林同时具备多种功能，需要将功能划分标准细化并具体量化。一块森林具备多功能和一块森林分为多个功能区是两种不同的概念。应该根据林分主导功能将其划入相应的功能林，因此多功能森林如何来表述非常重要。最后，分析各林分突出功能，在此基础上调控结构，进一步拓展或发挥其他辅助功能。但必须以现有结构功能特征为基础，主导功能为主，增强其他功能作为调控的目标和技术手段。

第 10 章
过伐林结构优化示范

按照第 3 章提出的结构优化方法和技术，结合标准地 1~8 结构特征，提出了相应的结构优化技术措施，并进行了结构优化示范（表 10-1）。具体结构优化技术可分为 4 类：人工促进更新技术、诱导混交林技术、抚育间伐技术和局部抚育人工促进更新（表 10-1）。

表 10-1　标准地 1~8 结构优化技术措施

标准地号	林型	林分密度（株/hm²）	郁闭度	树种组成	聚集系数	采伐强度（%）		优化技术
						蓄积	株数	
1	杜鹃–落叶松白桦混交林	1433	0.8	5 落 3 桦 2 杨	2.29	—	—	人工促进更新
2	杜鹃–白桦纯林	1019	0.7	9 桦 1 落 + 杨	4.56	14.4	46.3	诱导混交林
3	杜鹃–白桦落叶松混交林	1994	0.8	6 桦 4 落 + 杨	3.96	19.5	43.2	抚育间伐
4	杜鹃–落叶松白桦混交林	2238	0.7	5 落 5 桦 – 杨	3.46	14.4	11.9	抚育间伐
5	杜鹃–白桦落叶松混交林	1983	0.7	5 桦 5 落 + 杨	2.58	16.6	47.6	局部抚育人工促进更新
6	杜鹃–落叶松白桦混交林	2775	0.72	7 落 3 桦 + 杨	7.74	10.6	17.2	抚育间伐
7	杜鹃–落叶松白桦混交林	1750	0.7	6 落 3 桦 1 杨	2.48	7.8	20.2	抚育间伐
8	杜鹃–落叶松白桦混交林	1425	0.7	7 落 3 桦 + 杨	1.61	5.1	15.0	局部抚育人工促进更新

10.1 人工促进更新示范

标准地 1 属于落叶松白桦混交林，树种组成为 5 落 3 桦 2 杨。林分密度相对小（1433 株/hm²），林分更新密度也小，仅 1256 株/hm²，需要采取人工辅助天然更新技术，优化林分结构，提高林分空间利用率（表 10-1）。

10.1.1 母树位置

（1）在标准地内 $D \geqslant 10cm$ 落叶松共有 27 株。其中，6 株为皆伐时保留的母树（图 10-1）。根据林木在标准地内位置，挑选出 $D \geqslant 10cm$ 落叶松 14 株（图 10-2）。

（2）在挑选 $D \geqslant 10cm$ 林木位置时，尽量选择枯枝落叶层较厚、林木种子难以接触土壤的地点，避开具有潜在天然更新能力的位置。

（3）挑选的 $D \geqslant 10cm$ 林木分布于潜在更新能力区域，形成集中连片，将能够覆盖全标准地。

10.1.2 辅助措施

以小方框标注样方号为 $D \geqslant 10cm$ 落叶松位置，在以黑色底纹标注的样方为可人工辅助更新位置（距 $D \geqslant 10cm$ 落叶松 10m），在其中心设置 1m×1m 的小样方，清除小样方内的灌木和草本，抛开死地被物层（枯枝落叶），露出土壤表层（图 10-2）。

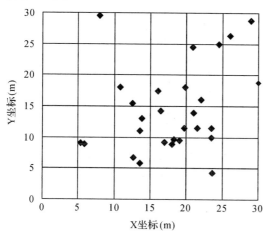

图 10-1　$D \geqslant 10cm$ 落叶松位置　　图 10-2　人工辅助更新样方位置

10.2 诱导混交林示范

标准地2为白桦纯林,林木稀疏,林分密度1019株/hm²,郁闭度0.7。更新密度虽然较高,但更新株数的76.6%为白桦。需要采取诱导混交林技术,进行局部抚育间伐白桦、人工补植落叶松,提高落叶松比例,逐步形成混交林(表10-1)。

10.2.1 间伐对象

共伐348株。其中,$D \geqslant 5cm$林木17,$D < 5cm$林木331株。

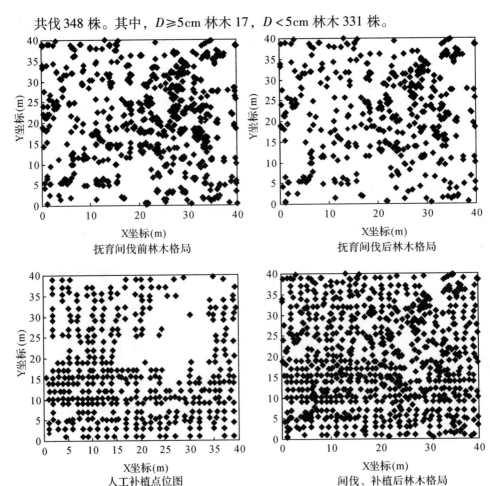

图10-3 标准地2抚育间伐前及人工补植后林木格局变化

（1）采伐山杨等非目标树种。

（2）间伐丛生白桦（含萌生条），留1株，其余都采伐（图10-3）。

10.2.2　间伐强度

蓄积强度14.4%（含更新幼树。下同），株数强度46.3%（含更新幼树。下同）。

10.2.3　人工补植

在标准地林木空隙内，以见缝插针形式栽植2年生落叶松1级苗，共栽植398株，栽植密度为2490株/hm²（图10-3）。春季造林，当年成活率达到90%，3年保存率要达到85%以上。穴状整地长、宽、深度规格为50cm×50cm×30cm。栽植时根系舒展，分层填土，苗正踩实。

10.2.4　间伐与补植效果

在图10-3中表示了标准地2抚育间伐前、抚育间伐后、人工补植位置以及抚育间伐、人工补植后的林木格局情况。从侧面表明了通过林木株数调整，位置的合理布置，林分水平空间得到合理的填充，调整种间关系和林木竞争。而且林木聚集系数由4.56（表7-11）降低为2.71（表10-2）。

表10-2　各标准地林分结构优化后结构变化

标准地号	各层高度（m）			树种组成				聚集系数
	主林层	演替层	更新层	林分	主林层	演替层	更新层	
1	14.7	7.3	2.2	5落3桦2杨	4落4桦2杨	6落3桦1杨	7落2桦1杨	2.29
2	11.1	7.5	1.1	9桦1落+杨	10桦+杨	8桦2落+杨	8桦2落+杨	2.71
3	9.6	6.3	1.8	5落5桦	5落5桦	5落5桦	7落3桦	3.35
4	14.8	9.5	1.1	6落4桦	5落5桦	5落5桦	8落2桦	3.08
5	10.0	6.2	2.2	5落5桦	6落4桦	7桦3落	9落1桦	1.42
6	13.7	8.5	1.4	7落3桦	5落5桦	7落3桦	9落1桦	6.45
7	9.8	7.2	1.7	6落4桦	6落4桦	7落3桦	8落2桦	2.64
8	10.5	6.9	1.3	7落3桦	7落3桦	9落1桦	6桦4落	1.12

10.3　抚育间伐示范（一）

标准地3属于白桦落叶松混交林，白桦成数占优势，郁闭度0.8，更新密度

4788 株/hm²。在更新株数中 62.2% 为白桦，林木聚集系数 3.96。从林分垂直层次看，未来林分演替趋势仍然白桦占优势。需要采取基于目标树精细化管理的抚育间伐技术，控制白桦优势，间伐白桦，从林分垂直分布中控制白桦演替趋势，减弱演替层中白桦成数，提高落叶松比例，减小林木聚集系数，逐渐形成落叶松白桦混交林(表 10-1)。

10.3.1 目标树分类

(1)用材树：1 级木共有 35 株。其中，落叶松 22 株，占林分总株数的 6.9%，占落叶松总株数的 19.5%。从 22 株落叶松中选取部分母树后，剩余落叶松作为用材树来经营。

(2)后备树：2 级木共有 53 株。其中，落叶松 30 株，占林分总株数的 9.4%，占落叶松总株数的 26.5%。从 30 株落叶松中选取部分母树后，剩余落叶松作为后备树来经营。

(3)伴生树：白桦作为伴生树。为林分郁闭、更新、演替、改良土壤以及生物多样性不可或缺。

(4)演替树：3 级木共有 151 株。其中，落叶松 37 株，占林分总株数的 11.6%，占落叶松总株数的 32.7%。还有部分白桦树。

(5)母树：$D \geqslant 10cm$ 林木共有 50 株。其中，落叶松 32 株，这 32 株落叶松属于 1~2 级木。根据标准地内的格局，从中选出落叶松 11 株、白桦 11 株作为母树来培育(图 10-4)。

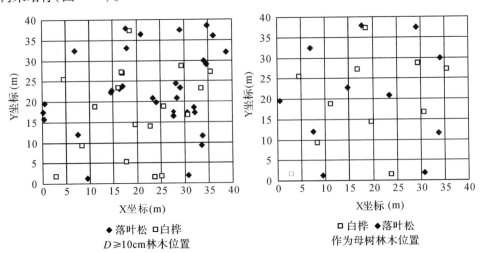

图 10-4 标准地 3 作为母树的林木位置

（6）更新树：更新幼树共有766株。其中，落叶松241株，白桦411株。间伐一部分白桦幼树，剩余的白桦幼树和241株落叶松幼树作为更新树。

（7）间伐树：无5级木，4级木共有80株。其中，落叶松24株，占林分总株数的7.5%，占落叶松总株数的21.2%。这些落叶松4级木、其他非目标树种、<u>丛生白桦</u>（含萌生条）等属于间伐树。

10.3.2 间伐对象

共间伐468株。其中，$D \geqslant 5cm$ 林木74株，$D < 5cm$ 林木394株（图10-5）。

（1）采伐山杨等非目标树种。

（2）间伐<u>丛生白桦</u>（含萌生条），留1株，其余都采伐。

（3）间伐落叶松被压木株数的62.5%。

（4）为促进林分演替需要，采伐白桦。

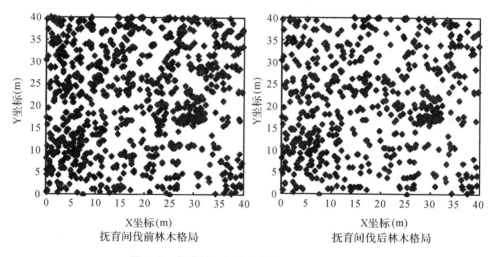

抚育间伐前林木格局 　　　　　　抚育间伐后林木格局

图10-5　标准地3抚育间伐前后林木格局比较

10.3.3 间伐强度

蓄积强度19.5%，株数强度43.2%。

10.3.4 间伐效果

（1）林木聚集系数由3.96变为3.35，聚集程度有所下降（表7-11、表10-2）。

（2）树种组成由6桦4落+杨调整为5落5桦，落叶松成数已占优势（表7-1、表10-2）。

（3）对主林层、演替层和更新层树种组成进行了调整。主林层、演替层和更新层树种组成由伐前的 5 桦 5 落 + 杨、6 桦 4 落 + 杨、6 桦 4 落 − 杨调整为 5 落 5 桦、5 落 5 桦、7 落 3 桦（表 8-2、表 10-2），各层落叶松优势已更加明显。

10.4 抚育间伐示范（二）

标准地 4 属于落叶松白桦混交林，树种组成为 5 落 5 桦 − 杨，郁闭度 0.7。更新密度 2925 株/hm^2，在更新幼树中落叶松、白桦和山杨株数比例分别为：59.0%，39.3%，1.7%，林木聚集系数 3.46。从林分垂直层次看，未来林分演替趋势将落叶松占优势，但主林层中白桦占优势，在演替层中白桦的比重仍然占 4 成。需要采取基于目标树精细化管理的抚育间伐技术，控制白桦优势，间伐白桦，从林分垂直分布中控制白桦演替趋势，减弱演替层中白桦成数，提高落叶松比例，减小林木聚集系数，将逐渐形成落叶松白桦混交林（表 10-1）。

10.4.1 目标树分类

（1）用材树：1 级木共有 62 株。其中，落叶松 22 株，占林分总株数的 6.1%，占落叶松总株数的 9.4%。从 22 株落叶松中选取部分母树后，剩余落叶松作为用材树来经营。

（2）后备树：2 级木共有 60 株。其中，落叶松 36 株，占林分总株数的 10.1%，占落叶松总株数的 15.5%。从 36 株落叶松中选取部分母树后，剩余落叶松作为后备树来经营。

（3）伴生树：白桦作为伴生树。为林分郁闭、更新、演替、改良土壤以及生物多样性不可或缺。

（4）演替树：3 级木共有 91 株。其中，落叶松 63 株，占林分总株数的 17.6%，占落叶松总株数的 27.0%。还有部分白桦树。

（5）母树：$D \geqslant 10cm$ 林木共有 122 株。其中，落叶松 64 株，这 64 株落叶松主要属于 1～2 级木，有少量 3 级木。根据标准地内的格局，从 122 株林木中选出落叶松 23 株，白桦 21 株作为母树来培育（图 10-6）。

（6）更新树：更新幼树共有 468 株。其中，落叶松 273 株，白桦 182 株。间伐一部分白桦幼树，剩余的白桦幼树和 273 株落叶松幼树为更新树。

（7）间伐树：无 5 级木，4 级木共有 145 株。其中，落叶松 114 株，占林分总株数的 31.8%，占落叶松总株数的 48.9%。这些落叶松 4 级木、其他非目标树种、丛生白桦（含萌生条）等属于间伐树。

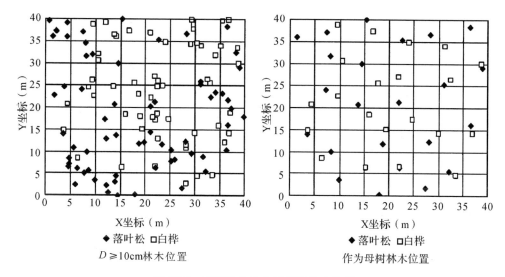

图 10-6 标准地 4 作为母树的林木位置

10.4.2 间伐对象

共间伐 99 株。其中，$D \geq 5cm$ 林木 21 株，$D < 5cm$ 林木 78 株(图 10-7)。

(1)采伐山杨等非目标树种。

(2)间伐<u>丛生白桦</u>(含萌生条)，留 1 株，其余都采伐。

(3)间伐极少数落叶松。

(4)为促进林分演替需要，采伐白桦。

10.4.3 间伐强度

蓄积强度 14.4%，株数强度 11.9%。

10.4.4 间伐效果

(1)林木聚集系数由 3.43 变为 3.08，聚集程度有所下降(表 7-11、表 10-2)。

(2)树种组成由 5 落 5 桦 – 杨调整为 6 落 4 桦，落叶松成数有所提高，其优势更加明显(表 7-1、表 10-2)。

(3)对主林层和演替层树种组进行了调整。主林层、演替层和更新层树种组成由伐前的 6 桦 4 落 – 杨、6 落 4 桦 – 杨、8 落 2 桦 – 杨调整为 5 落 5 桦、5 落 5 桦、8 落 2 桦(表 8-2、表 10-2)，主林层落叶松优势更加明显。

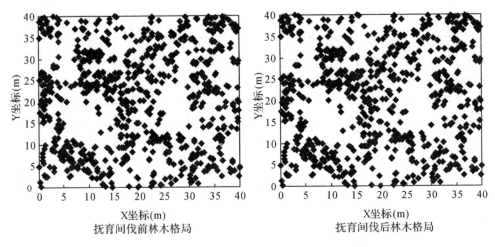

抚育间伐前林木格局　　　　　　抚育间伐后林木格局

图 10-7　标准地 4 抚育间伐前后林木格局比较

10.5　抚育间伐示范（三）

　　标准地 6 属于落叶松白桦混交林，树种组成为 7 落 3 桦 + 杨，郁闭度 0.72。更新密度 3713 株/hm²，在更新幼树中落叶松、白桦和山杨株数比例分别为：92.7%，7.1%，0.2%，林木聚集系数 7.74。从林分垂直层次看，未来林分演替趋势将落叶松占优势，但主林层中白桦占优势，在演替层中白桦的比重也占 3 成。需要采取基于目标树精细化管理的抚育间伐技术，控制白桦优势，间伐白桦，从林分垂直分布中控制白桦演替趋势，减弱主林层中白桦成数，提高落叶松比例，减小林木聚集系数，将逐渐形成结构更加合理的落叶松白桦混交林（表 10-1）。

10.5.1　目标树分类

　　（1）用材树：1 级木共有 66 株。其中，落叶松 29 株，占林分总株数的 6.5%，占落叶松总株数的 8.7%。从 29 株落叶松中选取部分母树后，剩余落叶松作为用材树来经营。

　　（2）后备树：2 级木共有 83 株。其中，落叶松 59 株，占林分总株数的 13.3%，占落叶松总株数的 17.6%。从 59 株落叶松中选取部分母树后，剩余落叶松作为后备树来经营。

　　（3）伴生树：白桦作为伴生树。为林分郁闭、更新、演替、改良土壤以及生物多样性不可或缺。

　　（4）演替树：3 级木共有 128 株。其中，落叶松 105 株，占林分总株数的

23.6%，占落叶松总株数的31.3%。还有部分白桦树。

（5）母树：$D \geqslant 10cm$ 林木共有130株。其中，落叶松83株。这83株落叶松属于1~2级木。根据标准地内的格局，从130株林木中选出落叶松21株，白桦23株作为母树来培育（图10-8）。

（6）更新树：更新幼树共有594株。其中，落叶松550株，白桦42株。间伐一部分白桦幼树和落叶松幼树，剩余的白桦幼树和落叶松幼树作为更新树。

（7）间伐树：无5级木，4级木共有167株。其中，落叶松142株，占林分总株数的31.9%，占落叶松总株数的42.4%。这些落叶松4级木、其他非目标树种、丛生白桦（含萌生条）等属于间伐树。

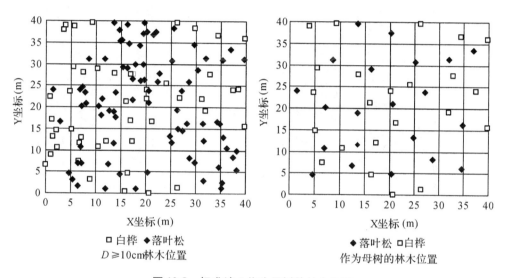

图10-8 标准地6作为母树的林木位置

10.5.2 间伐对象

共间伐179株。其中，$D \geqslant 5cm$ 林木36株，$D < 5cm$ 林木143株（图10-9）。

（1）采伐山杨等非目标树种。

（2）间伐丛生白桦（含萌生条），留1株，其余都采伐。

（3）间伐落叶松更新幼树，为调整林木格局，尚需间伐落叶松 $D \geqslant 5cm$ 林木。

（4）为促进林分演替需要，采伐白桦。

10.5.3 间伐强度

蓄积强度10.6%，株数强度17.2%。

10.5.4 间伐效果

（1）林木聚集系数由7.74变为6.45，聚集程度有所下降（表7-11、表10-2）。

（2）树种组成由7落3桦+杨调整为7落3桦，落叶松优势更加明显（表7-1、表10-2）。

（3）主要对主林层树种组成进行了调整。主林层、演替层和更新层树种组成由伐前的5桦5落+杨、7落3桦+杨、9落1桦-杨调整为5落5桦、7落3桦、9落1桦（表8-2、表10-2），削弱了白桦在主林层中的优势，主林层落叶松优势已更加明显。

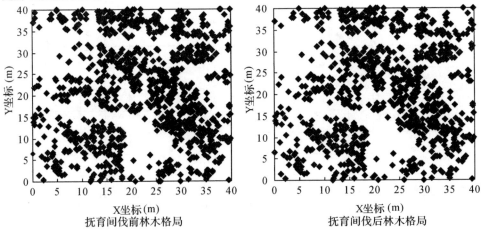

图10-9　标准地6抚育间伐前后林木格局比较

10.6　抚育间伐示范（四）

标准地7属于落叶松白桦混交林，树种组成为6落3桦1杨，郁闭度0.7。更新密度1475株/hm^2，在更新幼树中落叶松、白桦和山杨株数比例分别为：46.8%，35.9%，17.3%，林木聚集系数2.48。从林分垂直层次看，未来林分演替趋势将落叶松占优势，但主林层中白桦占4成山杨占1成，在演替层中白桦的比重仍然占3成。需要采取基于目标树精细化管理的抚育间伐技术，间伐白桦和山杨，从林分垂直分布中控制白桦演替趋势，减弱演替层中白桦成数，提高落叶松比例，减小林木聚集系数，将逐渐形成结构合理的落叶松白桦混交林（表10-1）。

10.6.1 目标树分类

(1) 用材树：1 级木共有 47 株。其中，落叶松 26 株，占林分总株数的 9.3%，占落叶松总株数的 13.7%。从 26 株落叶松中选取部分母树后，剩余落叶松作为用材树来经营。

(2) 后备树：2 级木共有 48 株。其中，落叶松有 28 株，占林分总株数的 10.0%，占落叶松总株数的 14.7%。从 28 株落叶松中选取部分母树后，剩余落叶松作为后备树来经营。

(3) 伴生树：白桦作为伴生树。为林分郁闭、更新、演替、改良土壤以及生物多样性不可或缺。

(4) 演替树：3 级木共有 84 株。其中，落叶松为 61 株，占林分总株数的 21.8%，占落叶松总株数的 32.1%。还有部分白桦树。

(5) 母树：$D \geq 10\text{cm}$ 林木共有 132 株。其中，落叶松 86 株，这 86 株落叶松属于 1~3 级木。根据标准地内的格局，从 132 株林木中选出落叶松 21 株，白桦 26 株作为母树来培育（图 10-10）。

(6) 更新树：更新幼树共有 236 株。其中，落叶松 108 株，白桦 83 株。间伐一部分白桦和落叶松幼树，伐除山杨幼树，将剩余的白桦幼树和落叶松幼树作为更新树。

(7) 间伐树：无 5 级木，4 级木共有 101 株。其中，落叶松 75 株，占林分总

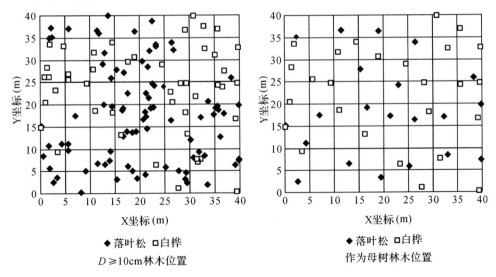

图 10-10　标准地 7 作为母树的林木位置

株数的 26.8%，占落叶松总株数的 39.5%。这些落叶松 4 级木、其他非目标树种、丛生白桦（含萌生条）等属于间伐树。

10.6.2 间伐对象

共间伐 104 株。其中，$D \geqslant 5cm$ 林木 17 株，$D < 5cm$ 林木 87 株（图 10-11）。

（1）采伐山杨等非目标树种。

（2）间伐丛生白桦（含萌生条），留 1 株，其余都采伐。

（3）间伐部分落叶松。

（4）为促进林分演替需要，采伐白桦。

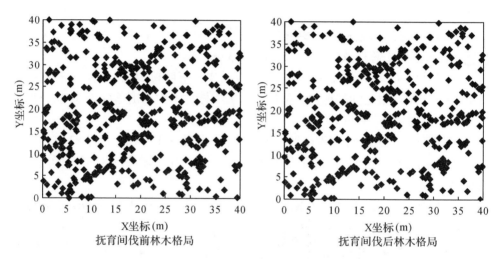

抚育间伐前林木格局　　　　　　　　抚育间伐后林木格局

图 10-11　标准地 7 抚育间伐前后林木格局比较

10.6.3 间伐强度

蓄积强度 7.8%，株数强度 20.2%。

10.6.4 间伐效果

（1）林木聚集系数由 2.48 变为 2.64，聚集程度有所增大（表 7-11、表 10-2）。

（2）树种组成由 6 落 3 桦 1 杨调整为 6 落 4 桦，树种组成更趋合理（表 7-1、表 10-2）。

（3）对主林层和更新层树种组成进行了调整。主林层、演替层和更新层树种组成由伐前的 5 落 4 桦 1 杨、7 落 3 桦 + 杨、7 落 2 桦 1 杨调整为 6 落 4 桦、7 落 3 桦、8 落 2 桦（表 8-2、表 10-2），主林层和更新层落叶松优势已更加明显。

10.7　局部抚育人工促进更新示范（一）

标准地 5 属于白桦落叶松混交林，树种组成为 5 桦 5 落 + 杨，郁闭度 0.7。更新密度 3150 株/hm²，在更新幼树中落叶松、白桦和山杨株数比例分别为：27.3%，71.6%，1.1%，林木聚集系数 2.58。从林分垂直层次看，未来林分演替趋势仍然白桦占优势，在主林层中白桦占 4 成，在演替层中白桦的比重占 8 成。需要采取基于目标树精细化管理的抚育间伐技术，控制白桦优势，间伐白桦，从林分垂直分布中控制白桦演替趋势，减弱演替层中白桦成数，提高落叶松比例，减小林木聚集系数，将逐渐形成落叶松白桦混交林（表 10-1）。

10.7.1　目标树分类

（1）用材树：1 级木共有 19 株。其中，落叶松 13 株，占林分总株数的 10.9%，占落叶松总株数的 44.8%。从 13 株落叶松中选取部分母树后，剩余落叶松作为用材树来经营。

（2）后备树：2 级木共有 7 株。其中，落叶松 1 株，占林分总株数的 0.8%，占落叶松总株数的 3.4%。从 7 株 2 级木中选取部分母树后，剩余林木作为后备树来经营。

（3）伴生树：白桦作为伴生树。为林分郁闭、更新、演替、改良土壤以及生物多样性不可或缺。

（4）演替树：3 级木共有 34 株。其中，落叶松仅 4 株，占林分总株数的 3.4%，占落叶松总株数的 13.8%。白桦有 25 株。

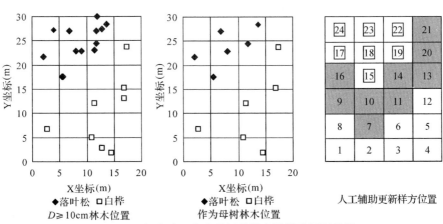

图 10-12　标准地 5 作为母树的林木及辅助更新位置

（5）母树：$D \geqslant 10cm$ 林木共有 21 株。其中，落叶松 13 株。这 13 株落叶松主要属于 1 级木。根据标准地内的格局，从 21 株林木中选出落叶松 6 株，白桦 6 株作为母树来培育（图 10-12）。

（6）更新树：更新幼树共有 190 株。其中，落叶松 50 株，白桦 131 株。间伐一部分白桦幼树，剩余的白桦幼树和 50 株落叶松幼树作为更新树。

（7）间伐树：无 5 级木，4 级木共有 59 株。其中，落叶松 11 株，占林分总株数的 9.2%，占落叶松总株数的 37.9%。这些落叶松 4 级木、其他非目标树种、丛生白桦（含萌生条）等属于间伐树。

10.7.2　间伐对象

共间伐 147 株。其中，$D \geqslant 5cm$ 林木 33 株，$D < 5cm$ 林木 114 株（图 10-13）。

（1）采伐山杨等非目标树种。

（2）间伐丛生白桦（含萌生条），留 1 株，其余都采伐。

（3）间伐极少数落叶松。

（4）为促进林分演替需要，采伐白桦。

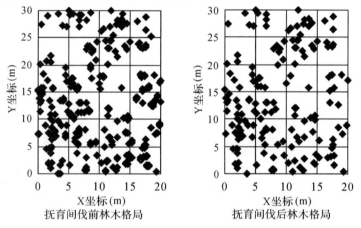

抚育间伐前林木格局　　　　抚育间伐后林木格局

图 10-13　标准地 5 抚育间伐前后林木格局比较

10.7.3　间伐强度

蓄积强度 16.6%，株数强度 47.6%。

10.7.4　间伐效果

（1）林木聚集系数由 2.58 变为 1.42，聚集程度有所下降（表 7-11、表 10-2）。

（2）树种组成由5桦5落+杨调整为5落5桦，落叶松成数有所提高，已占优势（表7-1、表10-2）。

（3）对演替层和更新层树种组成进行了调整。主林层、演替层和更新层树种组成由伐前的6落4桦+杨、8桦2落－杨、5桦5落+杨调整为6落4桦、7桦3落、9落1桦（表8-2、表10-2），更新层落叶松优势已更加明显，增加了演替层落叶松成数。

10.7.5　人工促进更新措施

标准地5的林分密度相对小（1983株/hm^2），其林分更新密度虽然不小（3150株/hm^2），但落叶松幼树比例偏低，仅占27.3%，主要以白桦更新为主（占71.6%）。需要采取人工辅助天然更新技术，优化林分结构，促进林分正向演替，增加落叶松成数，提高林分空间利用率（表10-1）。

10.7.5.1　母树位置

（1）在标准地内$D \geqslant 10cm$落叶松共有13株。其中，5株为皆伐时保留的母树（图10-12）。根据林木在标准地内位置，挑选出$D \geqslant 10cm$落叶松6株，白桦6株作为母树培育（图10-12）。

（2）在挑选$D \geqslant 10cm$林木位置时，尽量选择枯枝落叶层较厚、林木种子难以接触土壤的地点，避开具有潜在天然更新能力的位置。

（3）挑选的$D \geqslant 10cm$林木分布与潜在更新能力区域，形成集中连片，将能够覆盖全标准地。

10.7.5.2　辅助措施

以小方框标注样方号为$D \geqslant 10cm$落叶松位置，以黑色底纹标注的样方为可人工辅助更新位置（距$D \geqslant 10cm$落叶松10m），在其中心设置$1m \times 1m$的小样方，清除小样方内的灌木和草本，抛开死地被物层（枯枝落叶），露出土壤表层（图10-12）。

10.8　局部抚育人工促进更新示范（二）

标准地8属于落叶松白桦混交林，树种组成为7落3桦+杨，郁闭度0.7。更新密度1069株/hm^2，在更新幼树中落叶松、白桦和山杨株数比例分别为：14.1%，72.9%，12.9%，林木聚集系数1.61。从林分垂直层次看，未来林分演替趋势具有白桦占优势的可能性，在主林层中白桦仅占3成，在演替层中落叶松占绝对优势，但更新层却白桦占优势。需要采取基于目标树精细化管理的抚育间伐技术，控制白桦优势，间伐白桦，从林分垂直分布中控制白桦演替趋势，减弱更新层中白桦成数，提高落叶松比例，减小林木聚集系数，将逐渐形成落叶松白桦混交林(表10-1)。

10.8.1 目标树分类

（1）用材树：1级木共有25株。其中，落叶松16株，占林分总株数的7.0%，占落叶松总株数的9.4%。从16株落叶松中选取部分母树后，剩余落叶松作为用材树来经营。

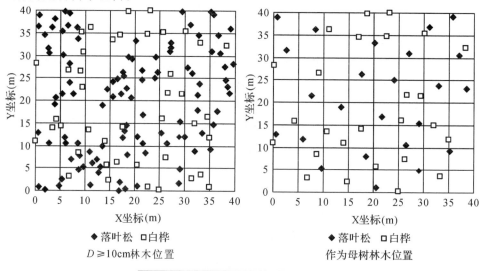

图10-14 标准地8作为母树的林木及辅助更新位置

（2）后备树：2 级木共有 53 株。其中，落叶松 37 株，占林分总株数的 16.2%，占落叶松总株数的 21.6%。从 37 株 2 级木中选取部分母树后，剩余林木作为后备树来经营。

（3）伴生树：白桦作为伴生树。为林分郁闭、更新、演替、改良土壤以及生物多样性不可或缺。

（4）演替树：3 级木共有 88 株。其中，落叶松 65 株，占林分总株数的 28.5%，占落叶松总株数的 38.0%。

（5）母树：$D \geqslant 10cm$ 林木共有 146 株。其中，落叶松 104 株，这 104 株落叶松属于 1~3 级木。根据标准地内的格局，从 146 株林木中选出落叶松 24 株，白桦 26 株作为母树来培育（图 10-14）。

（6）更新树：更新幼树共有 171 株。其中，落叶松 24 株，白桦 124 株。间伐一部分白桦幼树和山杨，剩余的白桦幼树和落叶松幼树作为更新树。

（7）间伐树：无 5 级木，4 级木共有 62 株。其中，落叶松 53 株，占林分总株数的 23.2%，占落叶松总株数的 30.9%。这些落叶松 4 级木、其他非目标树种、丛生白桦（含萌生条）等属于间伐树。

10.8.2 间伐对象

共间伐 60 株。其中，$D \geqslant 5cm$ 林木 6 株，$D < 5cm$ 林木 54 株（图 10-15）。

（1）采伐山杨等非目标树种。

（2）间伐丛生白桦（含萌生条），留 1 株，其余都采伐。

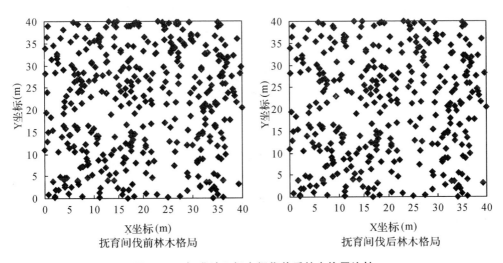

抚育间伐前林木格局　　　　　　　　抚育间伐后林木格局

图 10-15　标准地 8 抚育间伐前后林木格局比较

（3）为促进林分演替需要，采伐白桦。

10.8.3　间伐强度

蓄积强度5.1%，株数强度15.0%。

10.8.4　间伐效果

（1）林木聚集系数由1.61变为1.12，聚集程度有所下降（表7-11、表10-2）。

（2）树种组成由7落3桦+杨调整为7落3桦，树种组成结构更趋合理（表7-1、表10-2）。

（3）对主林层、演替层和更新层树种组成进行了调整。主林层、演替层和更新层树种组成由伐前的7落3桦+杨、9落1桦+杨、5桦3落2杨调整为7落3桦、9落1桦、6桦4落（表8-2、表10-2），保持主林层和演替层落叶松优势，同时增加了更新层白桦成数。

10.8.5　人工促进更新措施

标准地8的林分密度相对小（1425株/hm²），其林分更新密度也较小（1069株/hm²），而且落叶松幼树比例偏低，仅占14.1%，主要以白桦更新为主（占72.9%）。需要采取人工辅助天然更新技术，优化林分结构，促进林分正向演替，增加落叶松更新株数，促进落叶松自然更新能力，提高林分空间利用率（表10-1）。

10.8.5.1　母树位置

（1）在标准地内 $D \geqslant 10\text{cm}$ 落叶松共有104株。根据林木在标准地内位置，挑选出 $D \geqslant 10\text{cm}$ 落叶松24株，白桦26株作为母树培育（图10-14）。

（2）在挑选 $D \geqslant 10\text{cm}$ 林木位置时，尽量选择枯枝落叶层较厚、林木种子难以接触土壤的地点，避开具有潜在天然更新能力的位置。

（3）挑选的 $D \geqslant 10\text{cm}$ 林木分布与潜在更新能力区域，形成集中连片，将能够覆盖全标准地。

10.8.5.2　辅助措施

以小方框标注样方号为 $D \geqslant 10\text{cm}$ 落叶松位置，以黑色底纹标注的样方为可人工辅助更新位置（距 $D \geqslant 10\text{cm}$ 落叶松10m），在其中心设置1m×1m的小样方，清除小样方内的灌木和草本，抛开死地被物层（枯枝落叶），露出土壤表层（图10-14）。

10.9　小结

对以上兴安落叶松过伐林 8 块标准地经结构优化示范发现，过伐林结构优化是一个十分复杂的系统，抚育间伐强度除了经营目标以外，主要与林分年龄、林分密度、树种组成、林木空间格局、林木位置、演替阶段、林分更新、垂直结构等林分诸多结构特征直接有关系。是从经营、结构优化的需要来确定采伐强度，而不是以采伐量小于蓄积生长量的简单原则先确定采伐强度。很显然，后者存在诸多不足的问题。在这两种情况下，探讨不同采伐强度对林木生长、林分结构和功能发挥的影响，可想而知其效果是完全不同的。这是采伐强度应为多少才合理的关键问题。针对不同结构的 8 块标准地，采取了人工促进更新、诱导混交林、抚育间伐、局部抚育人工促进更新等 4 种结构优化技术，可以参考的抚育间伐强度为 5.1%~19.5%。从整体上看，间伐强度应小于 15% 比较合理，属于低强度抚育间伐。

兴安落叶松林因为树种较少，主要以落叶松和白桦为主，并不适合目标树种经营管理的提法，不太适合传统目标树经营方法和思路，在采伐木选择方面可以采用目标树精细化管理技术措施。间伐不同位置的林木，对促进林木生长，调解种内、种间关系和林木竞争，优化林木空间格局，促进林下更新，促进林下植被生长等方面将产生不同的影响，因此，确定间伐对象时需兼顾林分结构和经营目标等。对遭受不同程度干扰的过伐林，应采取与其结构特征相匹配的结构优化技术措施，并采取以定性和定量相结合的方法。

第 11 章
过伐林结构优化效果评价方法

设定了优化目标、原则，采取了理论上合理的结构优化技术措施，并不代表在实际生产中必定能取得良好的优化效果。必须在实践中去检验、实地实验以后才能论证优化措施是否妥当。评价优化效果的好坏，是一项庞大的系统工程，必须制定出合理的评价方法、技术路线，确定评价指标、评价标准之后，对各项指标进行量化，进行综合评价（图 11-1）。根据过伐林结构优化目标，可以考虑从林分生长量、径级结构、自然更新能力、林木格局、植物多样性、林分演替、林分空间填满度、林分功能等 8 个方面进行评价。不同采伐干扰对林分结构的影响不同。反过来，对受到不同采伐影响的过伐林应采取不同的结构优化技术。因此，其优化效果评价也应该采用不同的指标。

11.1 生长量

结构优化以后，释放林木生长空间，一定程度上缓解林木竞争、生态位的争夺，将一定程度上促进林木的生长。因此，林木生长量是结构优化效果好坏的评价指标之一。在抚育间伐后，每年观察标准地林木胸径、树高生长量情况，进而推算单株材积和林分蓄积量变化情况。根据标准地相对坐标，详细记

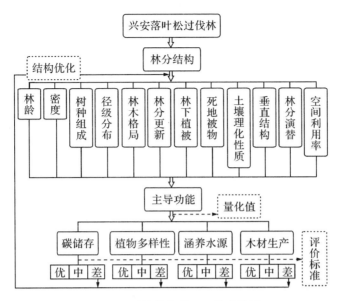

图 11-1 结构优化效果评价路线图

录不同位置林木生长量、差异规律，同时测算林分蓄积量，个体生长量和林分生长量是如何变化，是否与预期优化目标相一致。以此来评价过伐林结构优化措施是否合理，不断进行完善优化技术。

11.2 径级结构

不能简单地看待天然林直径结构就是反"J"型。在径级结构同样的反"J"型，其林分结构却仍然有很大的差异性。林分抚育间伐以后，各径阶林木数量发生变化。随着林龄增加、林木竞争，林分开始分化，形成分级木，径级结构将持续地变化。主要体现在 1~5 级木数量比例，即不同个体大小的林木数量比例。对经过抚育间伐过的林分，需要不同林龄阶段、不同生长阶段或定期测算林分径级结构变化，确定其是否符合结构优化目标及林分经营目标。

11.3 自然更新能力

天然更新是一种低投入、高产出的森林培育方式，其依靠林下层植被的自然发育来实现退化森林生态系统的恢复，并可培育出合乎自然规律的高生物多样性和高生态质量的森林(Moktan M R *et al*，2009)。林下更新植被是维系整个森林生态系统植被多样性的重要组分(D'Amato A W *et al*, 2009)。

11.3.1 更新密度变化

过伐林抚育间伐以后, 林分生境异质性更加增强, 林分内将会形成不同数量、大小、形状的林隙。林分内阳光直射, 降雨树冠截留量减少, 光照、地表温度、湿度等发生明显的变化, 一定程度上促进林分自然更新。林下更新、林木生长及林分结构变化等指标通常是评价林分抚育改造效果的关键内容。合理的经营措施可以促进林分生长, 使其林下更新层的物种多样性指数得到提高(宁金魁等, 2009)。因此, 林分抚育间伐以后, 林内更新幼树数量的变化是其评价的重要指标之一。每年对林分更新幼树数量进行统计, 作为林分自然更新能力的参考指标。

11.3.2 更新树种

除了更新密度指标以外, 还应考虑更新树种比例, 这关系到林分未来演替趋势。抚育间伐、结构优化时, 保留了一定数量和比例的落叶松、白桦母树。更新树种的数量比例是否符合林分经营目标树种组成, 作为母树保留的林木数量和树种比例是否合理, 这些都可以从更新树种比例中大致看出。因此, 更新树种比例也可以作为判别结构优化、母树培育技术措施合理性的重要参考指标。每年对林分不同树种的更新幼树数量进行详细记录, 观察其变化。

11.3.3 更新位置

掌握更新数量、树种特征以外, 还需观察更新位置。更新位置关系到未来林木格局将如何变化。根据林木相对坐标、母树位置, 每年对幼树更新位置进行记录。抚育间伐时, 留下了许多新伐桩, 其周围有无更新幼树, 与其位置关系如何等, 需进行详细记录。更新位置与其他灌木位置、林下死地被物厚度有无关系, 有何种关系等方面也应做详细记录。通过连续观察, 初步掌握天然更新位置范围、规律等, 对确定人工辅助更新位置提供技术支撑。

11.4 林木格局

过去由于在兴安落叶松林经营中采取不合理的采伐强度和采伐木的选择, 即以木材为主的非经营性采伐, 导致了林分结构缺损, 林木格局也失去了自然属性。在林分不同生长阶段, 林木什么格局为合理, 在什么林龄阶段处于何种林木格局时更加有利于林木生长、林分更新、确保植物多样性等, 应有林木聚集系数范畴，这是值得思考的问题。在林分向顶级群落演替过程之中，会有不同林木分布格局变化。因此，在过伐林结构优化、抚育经营时，应整体考虑林木格局的变化。

林木格局主要由标准地内的林木数量、差异性及位置等因素所决定。经抚育间伐以后，林木格局发生了变化，并且随着林分生长、林分更新，林木格局持续发生变化。林木格局不同时，将影响林木竞争、种间和种内关系，林分水平空间利用情况也有所不同。合理的林木格局，将大大提高林分空间利用率，促进林分各项功能的发挥。因此，抚育间伐后需要在不同间隔期或定期调查林木格局变化，观察其是否按照林分经营目标、结构优化目标在变化，以此来进一步评价结构优化的效果。详细记录不同样方内林木数量变化，各样方林木数量差异性规律等。

11.5 植物多样性

兴安落叶松林植物多样性主要体现在灌木和草本多样性。经过结构优化、抚育间伐的林分，林分密度、林分郁闭度发生变化，从生境空间异质性、土壤湿度、温度以及光照等方面也发生很大变化，会影响林下植物生长。尤其空间异质性的增强，加快喜阳型、喜阴型植物的生长分布及种类上发生变化，有利于植物多样性的增加。每年对标准地进行调查林下植物生长变化，记录其生长量、种类变化、生长位置，分析与伐桩位置关系、与其他林木位置关系等。

11.6 林分演替

通过林分结构优化，可调控林分演替趋势。抚育间伐在一定程度上直接影响了林分演替速度，可能还改变了演替方向。抚育间伐以后，林分树种组成发生变化，林分垂直层次数量、每个层次林木数量及高度范围等也发生了变化。随着林分更新生长，各个树种高生长的不同，林分演替将会发生新的变化。因此，对林分各树种高度、树种组成以及林分垂直层次的变化应进行定期观察。

11.7 林分空间填满度

抚育间伐后，林分空间利用情况发生明显的变化。在水平空间上，林木胸高断面大小、林木分布格局发生了变化。在垂直空间上，林分层次数量、林分高度以及每层次林木数量等均发生了变化。随着林龄增长，经抚育间伐形成的林隙不断被填补,林分不断更新,林层数量、林分高度、林木胸高断面积、林木格局等都将会持续发生变化。因此,对间伐后的林分要进行定期调查,记录林分空间填满情况,分析林分空间利用率变化是否符合林分结构优化目标。以此来评价结构优化措施是否妥当。

11.8 林分功能

结构优化以后,林分蓄积量、生物量等木材生产功能,碳储量功能,涵养水源功能,保护植物多样性功能等发生变化。林分树种组成、植物多样性等林分结构以及微生境的变化,也将影响林下死地被物的厚度、分解速度,将促进物质循环,从而土壤理化性质也将发生变化,一定程度上将能够改良土壤。但这一过程是漫长的,是林分结构优化以后的系统体现,需要长期观测。需测定土壤密度、土壤容重、土壤含水率、土壤有机质、土壤全量养分、土壤速效养分含量等。也需要测定枯落物持水能力、土壤持水量等。林分结构优化是否合理,效果如何,最终以林分功能完善和提升来论证。因此,在林分不同生长阶段,随着林龄增长,其功能变化有何规律性,需要长期跟踪观察。

森林生态系统涵养水源的功能是指森林拦蓄降水量、涵养土壤水分和补充地下水、调节河川流量的功能。森林涵养水源功能的发挥主要是通过林冠层、枯落物层和土壤层 3 个功能层对降水的再分配作用实现(张颖,2011)。测定水源涵养功能时,主要测定和分析不同结构林分枯落物层和土壤层的水源涵养功能。包括枯落物持水能力测定和土壤持水量测定。

11.8.1 枯落物持水能力测定

在标准地 4 个角落和中心,分别设置 1 个 $50cm \times 50cm$ 的小样方,按未分解层和半分解层收集样方内全部枯落物,称湿重后,置于 $85°C$ 烘箱中烘干至恒重后称干重。按公式计算枯落物的自然持水量和自然持水率。

11.8.1.1 枯落物的自然持水量

$W_c = W_1 - W_2$。式中:W_1 为枯落物湿重(g);W_2 为枯落物干重(g);W_c 为枯落物的自然持水量(g)。

11.8.1.2 枯落物的自然持水率

$W_r = (W_1 - W_2) \times 100/W_2$。式中:$W_1$ 为枯落物湿重(g);W_2 为枯落物干重(g);W_r 为枯落物的自然持水率(%)。

再将烘干后的枯落物装入尼龙网袋中置于水中浸泡 24h 后,取出将其淋干

（以无水滴滴下为标准）后称湿重，用以下公式计算枯落物最大持水量和最大持水率。

11.8.1.3 枯落物最大持水量

$W_{cm} = W_3 - W_2$。式中：W_2 为枯落物干重（g）；W_3 为枯落物浸泡后湿重（g）；W_{cm} 为枯落物最大持水量（g）。

11.8.1.4 枯落物最大持水率

$W_{rm} = (W_3 - W_2) \times 100/W_2$。式中：$W_2$ 为枯落物干重（g）；W_3 为枯落物浸泡后的湿重（g）；W_{rm} 为枯落物最大持水率（%）。

11.8.2 土壤持水量测定

在测定土壤毛管孔隙度、非毛管孔隙度、总孔隙度等物理性质和土壤厚度指标以后，采用公式计算土壤饱和蓄水量、土壤毛管持水量和土壤非毛管持水量等。

11.8.2.1 土壤饱和蓄水量

$W_t = 10000 \times P_t \times h$。式中：$W_t$ 为土壤饱和蓄水量（t/hm^2）；P_t 为土壤总孔隙度（%）；h 为土层厚度（m）。

11.8.2.2 土壤毛管持水量

$W_c = 10000 \times P_c \times h$。式中：$W_c$ 为土壤毛管持水量（t/hm^2）；P_c 为土壤毛管孔隙度（%）；h 为土层厚度（m）。

11.8.2.3 土壤非毛管持水量

$W_o = 10000 \times P_o \times h$。式中：$W_o$ 为土壤非毛管持水量（t/hm^2）；P_o 为土壤非毛管孔隙度（%）；h 为土层厚度（m）。

11.9 林分可视化系统

回顾天然林经营研究方法的历史，无非可分为两类：一是定位观测研究。设立固定样地，长期定位观测。这一方法的优势是研究结论可靠，说服力强。缺点是需要大量的人力、物力、财力，更需要漫长的时间。二是模拟研究。由于天然林经营周期长，再受到各种条件的制约，更多的学者选择了模拟研究的方法。这一方法的优势是能够节省大量的时间、人力、物力、财力，出成果快。缺点是研究成果实用性不强，不够可靠，说服力差，往往与实践操作存在一定的偏差。模拟研究方法与其结论的可靠性，最终还需要经过定位观测研究来进一步论证。因此，天然林经营研究必须结合这两种方法，有效弥补两种方法的不足。

随着信息化发展，林业信息化建设将过去定位观测研究和模拟研究有机结合，结合天然林的多目标经营、结构优化方法和思路，可以进一步完善模拟研究的方法、效果，提高模拟研究的应用范畴。惠刚盈等（2003）曾提出了林分结构可视化研究方法和思路。但在目前林业生产中，未能够形成较成熟的实用性的可视化系统。本书作者对天然林结构优化经营可视化系统的开发研究进行了初探。

11.9.1　系统开发目的

简化数据采集过程，提升研究工作效率，节约大量人力、物力和财力，使过去天然林经营研究理论、方法及研究结论进行可视化，使林业人员更好地了解天然林经营理念、方法、思路和过程，使经营效果、结构优化效果更加直观，一目了然，达到近乎逼真的效果。解决理论研究和实际操作的偏差问题，达到辅助林业人员研究、实践生产操作的目的。

11.9.2　系统开发方法

首先，编写计算处理标准地数据的程序，编写能够自动计算并按照不同指令绘制出各种经营图表、林分结构 3D 效果图等。其次，使用全站仪（惠刚盈等，2007）等全自动设备，在现场实际采集标准地基本数据信息，通过数据线的连接，将数据自动传回电脑中，系统将自动读取并计算处理。最后，使用编好的程序，按照不同经营目标指令以及相关参数，绘制出与其相适应的 3D 效果图。

11.9.3　系统功能

（1）根据不同要求和目的，自动准确测算并自动生成各类图表的功能。

（2）自动计算出各类生长指标、结构指标以后，自动选择采伐木的功能。

（3）根据标准地数据、经营目标指令，自动给出抚育经营相关建议以及其关键指标可参考的量化值。

（4）能够模拟、演示以及查询的功能。如某一林龄或生长阶段，在不同树种组成、林分密度前提下，可以查询到合理的采伐时间、采伐方式、采伐强度等，并具有相应的模拟演示和模拟效果图等。

（5）可以预测未来的林分演替趋势、生长动态、结构变化等，均以 3D 效果图来显示的功能。林分结构清晰可见，一目了然。

参考文献

安守芹，张吉术，李华. 1997. 兴安落叶松林冠下天然更新的研究[J]. 内蒙古林学院学报，19(1)：1-8.

安云，丁国栋，高广磊，等. 2012. 华北土石山区天然次生林枯立木数量特征与分布格局[J]. 水土保持通报，32(4)：246-250.

班勇，徐化成，李湛东. 1997. 兴安落叶松老龄林落叶松林木死亡格局以及倒木对更新的影响[J]. 应用生态学报，8(5)：449-454.

班勇，徐化成. 1995. 兴安落叶松老龄林分幼苗天然更新及微生境特点[J]. 林业科学研究，8(6)：660-664.

曹新孙. 1990. 择伐[M]. 北京：中国林业出版社.

陈大珂. 1982. 红松阔叶林系统发生评述[J]. 东北林学院学报，(增刊)：1-17.

陈东来，刘丽华，张景兰. 2003. 林分密度的新指标—冠积指数[J]. 东北林业大学学报，31(5)：15-17.

陈立新，肖洋. 2006. 大兴安岭林区落叶松林地不同发育阶段土壤肥力演变与评价[J]. 中国水土保持科学，4(5)：50-55.

陈陆圻. 1991. 森林生态采运学[M]. 北京：中国林业出版社.

程堂仁，冯菁，马钦彦，等. 2008. 甘肃小陇山森林植被碳库及其分配特征[J]. 生态学报，28(1)：33-44.

代全林，陈存及，肖书平，等. 2002. 茶秆竹高生长模型的比较及组合选择[J]. 福建林学院学报，22(2)：129-132.

邓宝忠，王素玲，李庆君. 2003. 红松阔叶人工天然混交林主要树种胸径与冠幅的相关分析[J]. 防护林科技，(4)：19-20，34.

邓红兵，郝占庆，王庆礼，等. 1999. 红松单木高生长模型的研究[J]. 生态学杂志，18(3)：19-22.

邓云，张文富，邓晓保，等. 2012. 西双版纳热带季节雨林粗木质物残体储量及其空间分布[J]. 生态学杂志，31(2)：261-270.

丁宝永，郎奎健，张世英. 1986. 落叶松人工林动态间伐系统的研究(1)[J]. 东北林业大学学报，14(4)：8-19.

丁宝永，张树森，张世英. 1980. 落叶松人工林林木分级的研究[J]. 东北林学院学报，(2)：19-28.

丁贵杰，王鹏程. 2001. 马尾松人工林生物量及生产力变化规律研究Ⅱ. 不同林龄生物量及生产力[J]. 林业科学研究，15(1)：54-60.

丁贵杰. 2003. 马尾松人工林生物量和生产力研究Ⅰ. 不同造林密度生物量及密度效应[J]. 福建林学院学报，23(1)：34-38.

董乃钧. 2011. 对我国森林经营问题的思考[J]. 林业资源管理, (6): 1-5.

董希斌, 李耀翔, 姜立春. 2000. 间伐对兴安落叶松人工林林分结构的影响[J]. 东北林业大学学报, 28(1): 16-18.

董希斌, 朱玉杰, 韩玉华, 等. 1997. 森林采伐与局部森林生态系统稳定性的研究[J]. 东北林业大学学报, 25(6): 30-33.

杜亚娟, 徐化成, 于汝元. 1993. 兴安落叶松林下植被、枯枝落叶层和动物对幼苗发生影响的研究[J]. 北京林业大学学报, 15(4): 12-20.

杜志, 亢新刚, 孟京辉, 等. 2013. 长白山杨桦次生林主要树种的空间分布格局及其关联性[J]. 东北林业大学学报, 41(4): 36-42.

方精云. 2000. 北纬中高纬度的森林碳库可能远小于目前的估算植物[J]. 生态学报, 24(5): 635-638.

方升佐, 徐锡增, 唐罗忠. 1995. 水杉人工林树冠结构及生物生产力的研究[J]. 应用生态学报, 6(3): 225-230.

冯林, 等. 1989. 内蒙古森林[M]. 北京: 中国林业出版社.

冯林, 王立明. 1989. 林木生长分级数学表述的研究[J]. 内蒙古林学院学报, (1): 9-16.

冯林, 杨玉琪. 1985. 兴安落叶松原始林三种林型生物量的研究[J]. 林业科学, 21(1): 86-91.

符婵娟, 刘艳红, 赵本元. 2009. 神农架巴山冷杉群落更新特点及影响因素[J]. 生态学报, 29(8): 4179-4186.

高心丹, 赵明. 2011. 基于WebGIS的多目标森林经营决策系统的研究和实现[J]. 东北林业大学学报, 39(8): 129-130, 133.

高育剑, 孔强, 赵壮乐, 等. 2004. 近自然林业在山体绿化规划设计中的应用[J]. 浙江林业科技, 24(2): 20-24.

高忠宝, 郭修生. 2009. 浅谈森林生态采伐[J]. 林业勘察设计, (2): 20-21.

葛剑平, 李景文, 郭海燕. 1992. 天然红松树木生长特征与林分结构的研究[J]. 东北林业大学学报, 20(2): 9-16.

龚直文, 亢新刚, 顾丽, 等. 2009. 天然林林分结构研究方法综述[J]. 浙江林学院学报, 26(3): 434-443.

顾云春. 1985. 大兴安岭林区森林群落的演替[J]. 植物生态学与地植物学丛刊, 9(1): 64-70.

关庆如. 1966. 长白山阔叶红树林区过伐林主要类型的林学特点及其采伐与更新[J]. 林业科学, 11(3): 50-54.

关玉秀, 张守攻. 1992. 样方法及其在林分空间格局研究中的应用[J]. 北京林业大学学报, 14(2): 1-10.

郭辉, 董希斌, 姜凡. 2010a. 采伐强度对小兴安岭低质林分土壤碳通量的影响[J]. 林业科学, 46(2): 110-115.

郭辉, 董希斌, 蒙宽宏, 等. 2010b. 小兴安岭低质林采伐改造后枯落物持水特性变化分析[J].

林业科学，46（6）：146－153.

郭建钢. 2002. 山地森林作业系统优化技术[M]. 北京：中国林业出版社.

韩景军，肖文发，郭泉水，等. 2002. 西藏林芝县林芝云杉幼林更新与物种多样性指数研究[J]. 林业科学，38（5）：166－168.

韩景军，肖文发，罗菊春. 2000. 不同采伐方式对云冷杉林更新与生境的影响[J]. 林业科学，36（专1）：90－96.

韩铭哲，徐健. 1993. 杜鹃－兴安落叶松林群落结构与生物产量关系的探讨[J]. 内蒙古林学院学报，15（1）：1－8.

韩铭哲，周晓峰. 1994. 兴安落叶松－白桦林生态系统生物量和净初级生产量的研究[M]. 哈尔滨：东北林业大学出版社，16.

韩铭哲. 1994. 兴安落叶松自然更新格局和种群的生态对策[J]. 内蒙古林学院学报，1（2）：1－10.

郝清玉，周玉萍. 1998. 森林择伐基本理论综述与分析[J]. 吉林林学院学报，14（2）：115－119.

何东进，何小娟，洪伟，等. 2009. 森林生态系统粗死木质残体的研究进展[J]. 林业科学研究，22（5）：715－721.

何帆，王得祥，张宋智，等. 2011. 小陇山林区主要森林群落凋落物及死木质残体储量[J]. 应用与环境生物学报，17（1）：046－050.

何兴元，陈玮，徐文铎，等. 2003. 城市近自然林的群落生态学剖析——以沈阳树木园为例[J]. 生态学杂志，22（6）：162－168.

侯英雨，柳钦火，延昊，等. 2007. 我国陆地植被净初级生产力变化规律及其对气候的响应[J]. 应用生态学报，18（7）：1546－1553.

侯元兆，曾祥谓. 2010. 论多功能森林[J]. 世界林业研究，23（3）：7－12.

胡会峰，刘国华. 2006. 森林管理在全球 CO_2 减排中的作用[J]. 应用生态学报，17（4）：709－714.

黄从德，张健，杨万勤，等. 2007. 四川森林植被碳储量的时空变化[J]. 应用生态学报，18（12）：2687－2692.

黄树坤，高学武. 2002. 浅谈云冷杉林分的采伐强度及恢复途径[J]. 林业勘察设计，（2）：39－40.

惠刚盈，Klaus von Gadow，Matthias Albert. 1999. 角尺度——一个描述林木个体分布格局的结构参数[J]. 林业科学，35（1）：37－42.

惠刚盈，[德]克劳斯·冯佳多. 2001. 德国现代森林经营技术[M]. 北京：中国科学技术出版社.

惠刚盈，Klaus von Gadow，胡艳波. 2004. 林分空间结构参数角尺度的标准角选择[J]. 林业科学研究，17（6）：687－692.

惠刚盈，Klausvon Gadow，胡艳波，等. 2007. 结构化森林经营[M]. 北京：中国林业出版社.

惠刚盈，冯佳多. 2003. 森林空间结构量化分析方法[M]. 北京：中国科学技术出版社.

惠刚盈，胡艳波，赵中华. 2009. 再论"结构化森林经营"[J]. 世界林业研究，22（1）：14－19.

惠刚盈，胡艳波. 2001. 混交林树种空间隔离程度表达方式的研究[J]. 林业科学研究，14（1）：23－27.

惠刚盈，克劳斯·冯佳多. 2003. 森林空间结构量化分析方法[M]. 北京：中国科学技术出版社，131－138.

惠刚盈，李丽，赵中华，等. 2007. 林木空间分布格局分析方法[J]. 生态学报，27（11）：4717－4728.

惠刚盈，盛炜彤. 1996. Sloboda 树高生长模型及其在杉木人工林中的应用[J]. 林业科学研究，9（1）：37－40.

惠刚盈，张连金，胡艳波，等. 2010. Richards 多形地位指数模型研建新方法——参数置换法[J]. 林业科学研究，23（4）：481－486.

火树华. 1992. 树木学[M]. 北京：中国林业出版社，34－35.

江泽慧，范少辉，冯慧想，等. 2007. 林业科学. 华北沙地小黑杨人工林生物量及其分配规律[J]. 43（11）：15－20.

姜春前，徐庆，朱永军，等. 2004. 世界森林可持续经营标准与指标发展的现状与趋势[J]. 世界林业研究，17（3）：1－5.

姜海燕，赵雨森，陈祥伟，等. 2007. 大兴安岭岭南几种主要森林类型土壤水文功能研究[J]. 水土保持学报，21（3）：149－153，187.

姜磊，陆元昌，廖声熙，等. 2008. 滇中高原云南松林分直径结构研究[J]. 林业科学研究，21（1）：126－130.

姜立春，杜书立. 2012. 基于非线性混合模型的东北兴安落叶松树高和直径生长模拟[J]. 林业科学研究，25（1）：11－16.

蒋桂娟，郑小贤，宁杨翠. 2012. 林分结构与水源涵养功能耦合关系研究——以北京八达岭林场为例[J]. 西北林学院学报，27（2）：175－179.

蒋建屏，傅军，彭立平，等. 1991. 天目山西部杉木多形地位指数表的编制[J]. 南京林业大学学报，15（2）：56－60.

蒋有绪. 1997. 国际森林可持续经营标准和指标体系研究的进展[J]. 世界林业研究，（4）：9－14.

金春德，徐程杨，王成，等. 1997. 天然赤松林种群立木结构特点研究[J]. 延边大学农学学报，19（3）：141－145.

金光泽，刘志理，蔡慧颖，等. 2009. 小兴安岭谷地云冷杉林粗木质残体的研究[J]. 自然资源学报，24（7）：1256－1266.

靳芳，鲁绍伟，余新晓，等. 2005. 中国森林生态系统服务功能及其价值评价[J]. 应用生态学报，16（8）：1531－1536.

康冰，刘世荣，蔡道雄，等. 2009. 马尾松人工林林分密度对林下植被及土壤性质的影响[J]. 应用生态学报，20（10）：2323－2331.

康冰，王得祥，崔宏安，等. 2011. 秦岭山地油松群落更新特征及影响因子[J]. 应用生态学报，22(7)：1659 – 1667.

康惠宁，马钦彦，袁嘉祖. 1996. 中国森林 C 汇功能基本估计[J]. 应用生态学报，7(3)：230 – 234.

亢新刚，胡文力，董景林，等. 2003. 过伐林区检查法经营针阔混交林林分结构动态[J]. 北京林业大学学报，25(6)：1 – 5.

亢新刚，罗菊春，孙向阳，等. 1998. 森林可持续经营的一种模式[J]. 林业资源管理，特刊：51 – 59.

亢新刚，赵俊卉，刘燕. 2008. 长白山云冷杉针阔混交过伐林优化结构研究[J]. 林业资源管理，(3)：57 – 62.

亢新刚. 2001. 森林资源经营管理[M]. 北京：中国林业出版社.

克劳斯·冯佳多，惠刚盈. 1998. 森林生长与干扰模拟[M]. Goettin – gen：CuvillierVerlag，23 – 34.

孔令红，郑小贤. 2007. 金沟岭云冷杉过伐林水平分布格局及更新研究[J]. 林业资源管理，(3)：86 – 89.

郎奎建，李长胜. 2000. 林业生态工程 10 种生态效益计量理论和方法[J]. 东北林业大学学报，28(1)：1 – 7.

郎奎建. 2004. 东北林区天然混交林的随机生长与演替模拟系统研究[J]. 林业科学，40(6)：32 – 38.

雷静品，江泽平，袁士云. 2008. 甘肃小陇山次生林多目标经营研究[J]. 西北林学院学报，23(6)：182 – 186.

雷相东，张则路，陈晓光. 2006. 长白落叶松等几个树种冠幅预测模型的研究[J]. 北京林业大学学报，28(6)：75 – 79.

李春晖. 2001. 浅谈近自然林业[J]. 中南林业调查规划，20(1)：49 – 51.

李春明，张会儒. 2010. 利用非线性混合模型模拟杉木林优势木平均高[J]. 林业科学，46(3)：89 – 95.

李凤日. 1987. 兴安落叶松天然林直径分布及产量预测模型的研究[J]. 东北林业大学学报，15(4)：8 – 16.

李贵祥，孟广涛，方向京，等. 2006. 滇中高原桤木人工林群落特征及生物量分析[J]. 浙江林学院学报，23(4)：362 – 366.

李国猷. 2000. 天然林保护工程多目标分类经营研究[J]. 世界林业研究，13(6)：69 – 73.

李金良，郑小贤，王昕. 2003. 东北过伐林区林业局级森林生物多样性指标体系研究[J]. 北京林业大学学报，25(1)：48 – 52.

李丽，惠淑荣，惠刚盈，等. 2007. 不同起测径对判定林木空间分布格局影响的研究[J]. 林业科学研究，20(3)：334 – 337.

李明辉，何风华，刘云，等. 2003. 林分空间格局的研究方法[J]. 生态学报，22(1)：77 – 81.

李明辉，何风华，潘存德. 2011. 天山云杉天然林不同林层的空间格局和空间关联性[J]. 生态学报，31(3)：0620-0628.

李婷婷，王俊峰，郑小贤. 2009. 金沟岭林场主要森林类型林分更新比较研究[J]. 林业资源管理，(3)：81-84.

李伟，张国明，李兆君. 2008. 东亚地区陆地生态系统净第一性生产力时空格局[J]. 生态学报，28(9)：4173-4183.

李雪风. 1988. 落叶松、白桦、樟子松林树高和冠幅比值的研究[J]. 林业资源管理，(1)：52-56.

李永慈，唐守正. 2004. 用 Mixed 和 Nlmixed 过程建立混合生长模型[J]. 林业科学研究，17(3)：279-283.

励龙昌，郝文康. 1991. 兴安落叶松天然林可变密度收获表编制法的研究[J]. 浙江林学院学报，8(4)：439-443.

梁晓东，叶万辉. 2001. 林窗研究进展(综述)[J]. 热带亚热带植物学报，9(4)：355-364.

梁星云，何友均，张谱，等. 2013. 不同经营模式对丹清河林场天然次生林植物群落结构及其多样性的影响[J]. 林业科学，49(3)：93-102.

梁玉堂，曹帮华，杜盛. 1995. 种苗学[M]. 北京：中国林业出版社.

刘灿然，马克平，吕延华，等. 1998. 生物群落多样性的测度方法 VI：与多样性测度有关的统计问题[J]. 生物多样性，6(3)：229-239.

刘代汉，郑小贤. 2004. 森林经营单位级可持续经营指标体系研究[J]. 北京林业大学学报，26(6)：44-48.

刘东兰，郑小贤，李金良. 2004. 森林经营环境影响评价的探讨[J]. 北京林业大学学报，26(2)：16-20.

刘奉觉，郑世锴，卢永农. 1991. 树冠结构对主干生长量垂直分配的影响[J]. 林业科学，27(1)：14-20.

刘国华，傅伯杰，方精云. 2000. 中国森林碳动态及其对全球碳平衡的贡献[J]. 生态学报，20(5)：733-740.

刘建泉，宋秉明，郝玉福. 1998. 祁连山青海云杉抚育更新研究[J]. 江西农业大学学报，20(1)：82-85.

刘杰，刘永敏，刘国良. 2012. 森林多目标可持续经营规划研究——以白河林业局为案例[J]. 林业经济，(7)：105-108.

刘金福，洪伟，李俊清. 2006. 格氏栲林林窗更新特征的研究[J]. 北京林业大学学报，28(3)14-19.

刘金福，于玲. 2003. 格氏栲林林窗物种多样性动态规律的研究[J]. 林业科学，39(6)：159-164.

刘君然，赵东方. 1997. 落叶松人工林威布尔分布参数与林分因子模型的研究[J]. 林业科学，33(5)：412-417.

刘平，马履一，贾黎明，等. 2008. 油松人工林单木树高生长模型研究[J]. 林业资源管理，

（5）：50 － 56.

刘平，王玉涛，马履一，等. 2010. 油松人工林林分生长过程动态预测及检验[J]. 东北林业大学学报，38（1）：40 － 43.

刘慎谔. 1986. 关于大小兴安岭的森林更新问题[C]. 刘慎谔文集. 北京：科学出版社，145 － 158.

刘慎谔. 1954. 关于长白山和小兴安岭两区抚育更新的几个问题[C]. 刘慎谔文集. 北京：科学出版社.

刘世荣，柴一新，蔡体久，等. 1990. 兴安落叶松人工群落生物量与净初级生产力的研究[J]. 东北林业大学学报，18（2）：40 － 46.

刘世荣，郭泉水，王兵，等. 1998. 中国森林生产力对气候变化响应的预测研究[J]] 生态学报，18（5）：478 － 483.

刘妍妍，金光泽. 2009. 地形对小兴安岭阔叶红松（*Pinus koraiensis*）林粗木质残体分布的影响[J]. 生态学报，29（3）：1398 － 1407.

刘妍妍，金光泽. 2010. 小兴安岭阔叶红松林粗木质残体基础特征[J]. 林业科学，46（4）：8 － 14.

刘云，侯世全，李明辉，等. 2005. 天山云杉林冠干扰前后植物多样性及其与环境的关系[J]. 林业科学研究，18（4）：430 － 435.

刘志刚，马钦彦，潘向丽. 1994. 兴安落叶松天然林生物量及生产力的研究[J]. 植物生态学报，18（4）：328 － 337.

刘志华，常禹，胡远满，等. 2009. 呼中林区与呼中自然保护区森林粗木质残体储量的比较[J]. 植物生态学报，33（6）：1075 － 1083.

龙翠玲，余世孝，魏鲁明，等. 2005. 茂兰喀斯特森林干扰状况与林隙特征[J]. 林业科学，41（4）：13 － 19.

卢昌泰，李吉跃，康强. 2008. 马尾松胸径与根径和冠径的关系研究[J]. 北京林业大学学报，30（1）：58 － 63.

陆元昌，甘敬. 2002. 21 世纪的森林经理发展动态[J]. 世界林业研究，15（1）：1 － 11.

陆元昌，张守攻. 2003. 中国天然林保护工程区目前急需解决的技术问题和对策[J]. 林业科学研究，16（6）：731 － 738.

陆元昌. 2006. 近自然森林经营的理论与实践[M]. 北京：科学出版社.

罗大庆，郭泉水，黄界，等. 2004. 西藏色季拉原始冷杉林死亡木特征研究[J]. 生态学报，24（3）：635 － 639.

罗大庆，郭泉水，薛会英，等. 2002. 西藏色季拉山冷杉原始林林隙更新研究[J]. 林业科学研究，15（5）：564 － 569.

罗辑，程根伟，杨忠，等. 2000. 贡嘎山暗针叶林不同林型的优势木生长动态[J]. 植物生态学报，24（1）：22 － 26.

罗菊春. 1979. 兴安落叶松的结实特性[J]. 北京林学院学报，（00）：40 － 54.

吕勇，臧颢，万献军，等. 2012. 基于林层指数的青椆混交林林层结构研究[J]. 林业资源管理, (3): 81-84.

马克明, 祖元刚. 2000. 兴安落叶松分枝格局的分形特征[J]. 植物研究, 20(2): 235-241.

马克平, 黄建辉, 于顺利, 等. 1995. 北京东灵山地区植物群落多样性的研究 Ⅱ 丰富度、均匀度和物种多样性指数[J]. 生态学报, 15(3): 268-277.

马克平, 刘灿然, 于顺利, 等. 1997. 北京东灵山地区植物群落多样性的研究 Ⅲ. 几种类型森林群落的种 - 多度关系研究[J]. 生态学报, 17(6): 573-583.

马克平, 刘玉明. 1994. 生物群落多样性的测度方法 Ⅰ α 多样性的测度方法(下)[J]. 生物多样性, 2(4): 231-239.

马克平. 1994. 生物群落多样性的测度方法 Ⅰ α 多样性的测度方法(上). 生物多样性[J], 2(3): 162-168.

马履一, 李春义, 王希群, 等. 2007. 不同强度间伐对北京山区油松生长及其林下植物多样性的影响[J]. 林业科学, 43(5): 1-9.

马钦彦, 陈遐林, 王娟, 等. 2002. 华北主要森林类型建群种的含碳率分析[J]. 北京林业大学学报, 24(5/6): 96-100.

毛磊, 王冬梅, 杨晓晖, 等. 2008. 樟子松幼树在不同林分结构中的空间分布及其更新分析[J]. 北京林业大学学报, 30(6): 71-77.

孟黎黎, 陆元昌, 赵天忠, 等. 2007. 近自然森林经营目标树作业体系辅助设计系统的研究与开发[J]. 世界科技研究与发展, 29(3): 66-70.

孟宪宇. 2004. 测树学[M]. 北京: 中国林业出版社.

内蒙古森林编辑委员会. 1989. 内蒙古森林[M]. 北京: 中国林业出版社.

聂道平, 王兵, 沈国舫, 等. 1997. 油松 - 白桦混交林种间关系研究[J]. 林业科学, 33(5): 394-402.

宁金魁, 陆元昌, 赵浩彦, 等. 2009. 北京西山地区油松人工林近自然化改造效果评价[J]. 东北林业大学学报, 37(7): 42-44.

潘紫重, 应天玉. 2008. 林分垂直结构与静态持水能力的关系[J]. 东北林业大学学报, 36(4): 14-16.

裴保华, 郑世锴, 刘奉觉, 等. 1990. 林分密度对 I-69 杨树冠结构和光能分布的影响[J]. 林业科学研究, 3(3): 201-206.

曲晓颖, 钱世文, 宋延霞, 等. 2002. 对兴安落叶松天然更新的思考[J]. 林业科技, 27(2): 7-9.

任海, 彭少麟, 张祝平, 等. 1996. 鼎湖山季风常绿阔叶林林冠结构与冠层辐射研究[J]. 生态学报, 16(2): 174-179.

戎建涛, 雷相东, 张会儒, 等. 2012. 兼顾碳贮量和木材生产目标的森林经营规划研究[J]. 西北林学院学报, 27(2): 155-162.

邵青还. 1994. 德国异龄混交林恒续经营的经验和技术[J]. 世界林业研究, (3): 62-67.

盛炜彤. 2001. 杉木林的密度管理与长期生产力研究[J]. 林业科学, 37(5): 2-9.

石明章. 1997. 森林采运工艺的理论与实践[M]. 北京: 中国林业出版社.

时明芝，李桂兰. 2006. 平原地区杨树人工林阳性冠幅与胸径关系的研究[J]. 林业资源管理，（2）：71－73，87.

史济彦，肖生灵. 2001. 生态性采伐系统[M]. 哈尔滨：东北林业大学出版社.

宋采福，土建雄，李润林，等. 2001. 祁连山青海云杉林间伐后出现风倒、枯死现象的初步分析[J]. 甘肃林业科技，26(1)：34－35，39.

宋新章，李冬生，肖文发，等. 2007. 长白山区次生阔叶林采伐林隙更新研究[J]. 林业科学研究，20(3)：302－306.

宋新章，肖文发. 2006. 林隙微生境及更新研究进展[J]. 林业科学，42(5)114－119.

宋新章，张智婷，肖文发，等. 2008. 长白山次生杨桦林采伐林隙乔灌木幼苗更新比较研究[J]. 林业科学研究，21（3）：289－294.

孙家宝，胡海清. 2010. 大兴安岭兴安落叶松林火烧迹地群落演替状况[J]. 东北林业大学学报，38(5)：30－33.

孙玉军，张俊，韩爱惠，等. 2007. 兴安落叶松 *Larix gmelini* 幼中龄林的生物量与碳汇功能[J]. 生态学报，27(5)：1756－1762.

汤景明，翟明普. 2005. 影响天然林树种更新因素的研究进展[J]. 福建林学院学报，25(4)：379－383.

唐小平，赵有贤，王红春，等. 2012. 森林可持续经营标准与指标手册[M]. 北京：科学出版社.

唐旭利，周国逸. 2005. 南亚热带典型森林演替类型粗死木质残体贮量及其对碳循环的潜在影响[J]. 植物生态学报，29（4）：559－568.

藤森末彦，刘云友. 1984. 复层林的水源涵养效益[J]. 国外林业，（4）：1－4.

田大伦，张昌剑，罗中甫，等. 1990. 天然擦木混交林的生物量及营养元素分布——Ⅰ. 生物生产量及生产力[J]. 中南林学院学报，10(2)：121－128.

涂洁，刘琪璟，简敏菲. 2008. 千烟洲湿地松中幼林树冠生物量及生长量分析[J]. 浙江林学院学报，25(2)：206－210.

王彬，王辉，杨君珑，等. 2007. 子午岭油松林林隙更新特征研究[J]. 林业资源管理，（2）：60－65.

王兵，任晓旭，胡文. 2011. 中国森林生态系统服务功能及其价值评估[J]. 林业科学，47（2）：145－153.

王成，金永焕，金春德，等. 2000. 天然赤松个体生物量的研究[J]. 应用生态学报，11(1)：5－8.

王迪生，宋新民. 1994. 一个新的单木竞争指标——相对有效冠幅比[J]. 林业科学研究，7（3）：337－341.

王飞，张秋良，王冰，等. 2012. 不同年龄杜香－兴安落叶松林粗木质残体贮量及特征[J]. 生态学杂志，31(12)：2981－2989.

王贵霞，李传荣，许景伟，等. 2004. 温带森林群落多样性的测度方法比较评述[J]. 浙江林学院学报，21(4)：486－491.

王海燕,雷相东,陆元昌,等. 2009. 海南4种典型林分土壤化学性质比较研究[J]. 林业科学研究,22(1):129-133.

王会利,唐玉贵,韦娇媚. 2010. 低效林改造对土壤理化性质及水源涵养功能的影响[J]. 中国水土保持科学,8(5):72-78.

王立明,韦勤. 1996. 抚育间伐保留密度与伐后郁闭度关系式的求证[J]. 内蒙古林学院学报,18(4):8-15.

丽梅,潘辉,魏建文. 2004. Sloboda 树高生长模型在火炬松人工林中的应用研究[J]. 北华大学学报(自然科学版),5(2):159-161.

王少怀,安凤刚,王天民. 2000. 试论落叶松接近自然林改培工程[J]. 林业勘查设计,114(2):34-35.

王树力,葛剑平,刘吉春. 2000. 红松人工用材林近自然经营技术的研究[J]. 东北林业大学学报,28(3):22-25.

王树力,葛剑平,徐继成,等. 1993. 小兴安岭杨桦林下红松种群天然更新的格局与过程[J]. 东北林业大学学报,21(5):7-13.

王文杰,祖元刚,王辉民,等. 2007. 基于涡度协方差法和生理生态法对落叶松林 CO_2 通量的初步研究[J]. 植物生态学报,31(1):118-128.

王效科,冯宗炜,欧阳志云. 2001. 中国森林生态系统的植物碳储量和碳密度研究[J]. 应用生态学报,12(1),13-16.

王效科,冯宗炜. 2000. 中国森林生态系统中植物固定大气碳的潜力[J]. 生态学杂志,19(4):72-74.

王绪高,李秀珍,贺红士,等. 2004. 大兴安岭北坡落叶松林火后植被演替过程研究[J]. 生态学杂志,23(5):35-41.

王艳洁,郑小贤. 2008. 金沟岭林场云冷杉过伐林林分直径结构的研究[J]. 林业资源管理,(6):71-74.

王艳洁,郑小贤. 2001. 可持续发展指标体系研究概述[J]. 北京林业大学学报,23(3):103-106.

王玉辉,周广胜,蒋延玲,等. 2001. 基于森林资源清查资料的落叶松林生物量和净生长量估算模式[J]. 植物生态学报,25(4):420-425.

王镇,万清泉. 2001. 论云冷杉林分的合理择伐强度[J]. 林业勘查设计,(2):44-45.

魏晓慧,孙玉军,郭孝玉. 2011. 森林多功能经营技术研究综述[J]. 林业资源管理,(6):88-93.

温雅莉,刘娜微. 2011. 专家提出多功能林业的最新定义[J]. 林业与生态,(12):46.

乌吉斯古楞,王俊峰,郑小贤,等. 2009. 金沟岭林场过伐林更新幼苗空间结构分析[J]. 中南林业科技大学学报,29(4):21-25.

乌吉斯古楞,王俊峰,郑小贤. 2009. 金沟岭林场阔叶红松林结构特征研究[J]. 福建林业科技,36(3):54-59.

乌吉斯古楞,郑小贤. 2009. 天然林直径分布的线性表达及其应用[J]. 林业资源管理,(6):

51 – 53.

吴祥云，刘广，韩辉. 2001. 不同类型樟子松人工固沙林土壤质量的研究[J]. 防护林科技，(4)：15 – 17.

吴秀丽，吴涛，刘羿. 2011. 国内外森林健康经营综述[J]. 世界林业研究，24(4)：7 – 12.

武纪成，张会儒，陈新美. 2008. 金沟岭林场天然混交林空间结构分析[J]. 西北林学院学报，23(5)：178 – 181.

夏富才，赵秀海，杨志国，等. 2010. 浑善达克沙地天然油松林分结构[J]. 东北林业大学学报，38(11)：7 – 9.

向玮，雷相东，洪玲霞，等. 2011. 落叶松云冷杉林矩阵生长模型及多目标经营模拟[J]. 林业科学，47(6)：77 – 87.

徐鹤忠，董和利，底国旗，等. 2006. 大兴安岭采伐迹地主要目的树种的天然更新[J]. 东北林业大学学报，34(1)：18 – 21.

徐洪亮，满秀玲，盛后财，等. 2011. 大兴安岭不同类型落叶松天然林水源涵养功能研究[J]. 水土保持研究，18(4)：92 – 96.

徐化成，范兆飞，王胜. 1994. 兴安落叶松原始林林木空间格局的研究[J]. 生态学报，14(2)：155 – 160.

徐化成，范兆飞. 1993. 兴安落叶松原始林年龄结构动态的研究[J]. 应用生态学报，4(3)：229 – 233.

徐化成，郭中凌，于汝元. 1990. 大兴安岭落叶松幼苗发生条件的研究[J]. 北京林业大学学报，12(S3)：15 – 25.

徐化成. 1991. 美国新林业学说的理论和实践[J]. 北京林业大学学报，13(4)：105 – 111.

徐化成. 2004. 森林生态与生态系统经营[M]. 北京：化学工业出版社.

徐化成. 1998. 中国大兴安岭森林[M]. 北京：科学出版社，7 – 41.

徐庆福. 2000. 森林生态采运及其体系[M]. 哈尔滨：黑龙江科学技术出版社.

徐文科，曲智林，王文龙. 2004. 带岭林业局森林生态系统经营多目标规划决策[J]. 东北林业大学学报，32(2)：22 – 25.

徐振邦，陈华，陈涛，等. 1994. 促进兴安落叶松天然更新的出苗条件研究[J]. 应用生态学报，5(2)：120 – 125.

徐振邦，代力民，陈吉泉，等. 2001. 长白山红松阔叶混交林森林天然更新条件的研究[J]. 生态学报，21(9)：1413 – 1420.

闫平，高述超，刘德晶. 2008. 兴安落叶松林 3 个类型生物及土壤碳储量比较研究[J]. 林业资源管理，(3)：77 – 81.

杨娟，葛剑平，刘丽娟，等. 2007. 卧龙自然保护区针阔混交林林隙更新规律[J]. 植物生态学报，31(3)：425 – 430.

杨晓菲，鲁绍伟，饶良懿，等. 2011. 中国森林生态系统碳储量及其影响因素研究进展[J]. 西北林学院学报，26(3)：73 – 78.

杨晓晖，喻泓，于春堂，等. 2008. 呼伦贝尔沙地樟子松林火烧后恢复演替的空间格局分析[J].

北京林业大学学报，30(2)：44－49.

叶林，李巍巍，马景财. 2011. 小兴安岭过伐天然林结构特点及经营策略[J]. 东北林业大学学报，39(10)：114－116.

叶雨静，于大炮，王玥，等. 2011. 采伐木对森林碳储量的影响[J]. 生态学杂志，30(1)：66－71.

于政中，亢新刚，李法胜，等. 1996. 检查法第一经理期研究[J]. 林业科学，32(1)：24－34.

于政中. 1993. 森林经理学[M]. 中国林业出版社.

玉宝，乌吉斯古楞，王百田，等. 2008. 大兴安岭兴安落叶松 *Larix gmelinii* 天然林分级木转换特征[J]. 生态学报，28(11)：5750－5757.

玉宝，乌吉斯古楞，王百田，等. 2009. 大兴安岭兴安落叶松天然林林隙地被物变化特征研究[J].林业科学研究，22(2)：213－218.

玉宝，乌吉斯古楞，王百田，等. 2009. 兴安落叶松天然林2种林型林分更新特征[J]. 林业资源管理，(6)：64－69.

玉宝，乌吉斯古楞，王百田，等. 2010. 兴安落叶松天然林树冠生长特性分析[J]. 林业科学，46(5)：41－48.

玉宝，张秋良，王立明，乌吉斯古楞. 2011. 不同结构落叶松天然林生物量及生产力特征[J]. 浙江农林大学学报，28(1)：52－58.

臧润国，成克武，李俊清，等. 2005. 天然林生物多样性保育与恢复[M]. 北京：中国科学技术出版社.

臧润国，郭忠凌，高文韬. 1998. 长白山自然保护区阔叶红松林林隙更新的研究[J]. 应用生态学报，9(4)：349－353.

臧润国，刘静艳，董大方，等. 1999. 林窗动态与森林生物多样性[M]. 北京：中国林业出版社，1－42.

臧润国，刘涛，郭忠凌，等. 1998. 长白山自然保护区阔叶红松林林隙干扰状况的研究[J]. 植物生态学报，22(2)：135－142.

臧润国，徐化成. 1998. 林隙(Gap)干扰研究进展[J]. 林业科学，34(1)：91－98.

臧润国，杨彦承，蒋有绪. 2001. 海南岛霸王岭热带山地雨林群落结构及树种多样性特征的研究[J]. 植物生态学报，25(3)：270－275.

臧润国. 1998. 林隙(Gap)更新动态研究进展[J]. 生态学杂志，17(2)：50－58.

曾德慧，尤文忠，范志平，等. 2002. 樟子松人工固沙林天然更新特征[J]. 应用生态学报，13(1)：1－5.

曾杰，郑海水，翁启杰，等. 1999. Nelder试验：大叶相思树冠生长、多干特征与密度的关系[J]. 林业科学研究，12(6)：577－580.

曾立雄，王鹏程，肖文发，等. 2008. 三峡库区主要植被生物量与生产力分配特征[J]. 林业科学，44(8)：16－22.

曾伟生. 2009. 近自然森林经营是提高我国森林质量的可行途径[J]. 林业资源管理，(2)：

6 – 11.

翟明普. 1982. 北京西山地区油松元宝枫混交林生物量和营养元素循环的研究[J]. 北京林学院学报, (4): 67 – 79.

张春雨, 赵秀海, 郑景明. 2006. 长白山阔叶红松林林隙与林下土壤性质对比研究[J]. 林业科学研究, 19(3): 347 – 352.

张德成, 李智勇, 王登举, 等. 2011. 论多功能森林经营的两个体系[J]. 世界林业研究, 24(4): 1 – 6.

张鼎华, 林卿. 2000. 近自然林业与林业的可持续发展[J]. 生态经济, (7): 23 – 26.

张国斌, 刘世荣, 张远东, 等. 2008. 岷江上游亚高山暗针叶林的生物量碳密度[J]. 林业科学, 44(1): 1 – 6.

张会儒, 汤孟平, 舒清态. 2006. 森林生态采伐的理论与实践[M]. 北京: 中国林业出版社.

张会儒, 唐守正. 2008. 森林生态采伐理论[J]. 林业科学, 44(10): 127 – 131.

张会儒, 唐守正. 2007. 森林生态采伐研究简述[J]. 林业科学, 43(9): 83 – 87.

张惠光, 李蔚, 张志翔. 1999. 天然阔叶林各林层合理密度的研究[J]. 林业勘察设计, (2): 17 – 22.

张俊, 孙玉军, 许俊利. 2008. 东北地区兴安落叶松人工林生长过程研究[J]. 西北林学院学报, 23(6): 179 – 181.

张秋良, 王飞, 李小梅, 等. 2013. 藓类 – 兴安落叶松林木质物残体贮量及组成[J]. 生态环境学报, 22(3): 437 – 442.

张群, 范少辉, 刘广路, 等. 2008. 长江滩地 I – 72 杨人工林生物量和生产力研究[J]. 林业科学研究, 21(4): 542 – 547.

张群, 范少辉, 沈海龙, 等. 2004. 次生林林木空间结构等对红松幼树生长的影响[J]. 林业科学研究, 17(4): 405 – 412.

张守攻, 朱春全, 肖文发, 等著. 2001. 森林可持续经营导论[M]. 北京: 中国林业出版社.

张希彪, 王瑞娟, 周天林, 等. 2008. 黄土丘陵区油松天然次生林林窗特征与更新动态[J]. 应用生态学报, 19(10): 2103 – 2108.

张象君, 王庆成, 王石磊, 等. 2011. 小兴安岭落叶松人工纯林近自然化改造对林下植物多样性的影响[J]. 林业科学, 47(1): 6 – 14.

张泱, 宋启亮, 董希斌. 2011. 不同采伐强度改造对小兴安岭低质林土壤理化性质的影响[J]. 东北林业大学学报, 39(11): 22 – 24, 49.

张颖. 2011. 采用最优控制方法计算我国森林涵养水源的价格[J]. 中国水土保持科学, 9(3): 6 – 12.

张远彬, 王开运, Seppo Kellomaki. 2003. 针叶林林窗研究进展[J]. 世界科技研究与发展, 25(5): 69 – 74.

张远彬, 王开运, 鲜骏仁. 2006. 岷江冷杉林林窗小气候及其对不同龄级岷江冷杉幼苗生长的影响[J]. 植物生态学报, 30(6): 941 – 946.

张治军, 王彦辉, 于澎涛, 等. 2008. 不同优势度马尾松的生物量及根系分布特征[J]. 南京林业大学学报，32(4)：71－75.

赵惠勋，王义弘，李俊清，等. 1987. 塔河林业局天然落叶松林年龄结构、水平格局及经营[J].
东北林业大学学报，15(专刊)：60－64.

赵俊芳，延晓冬，贾根锁. 2009. 1981－2002 年中国东北地区森林生态系统碳储量的模拟[J].
应用生态学报，20(2)：241－249.

赵俊芳，延晓冬，贾根锁. 2008. 东北森林净第一性生产力与碳收支对气候变化的响应[J].
生态学报，28(1)：92－102.

赵林，殷鸣放，陈晓非，等. 2008. 森林碳汇研究的计量方法及研究现状综述[J]. 西北林学
院学报，23(1)：59－63.

赵敏，周广胜. 2004. 中国森林生态系统的植物碳贮量及其影响因子分析[J]. 地理科学，24
(1)：50－53.

赵士洞，陈华. 1991. 新林业——美国林业一场潜在的革命[J]. 世界林业研究，(1)：
35－39.

赵淑清，方精云，宗占江，等. 2004. 长白山北坡植物群落组成、结构及物种多样性的垂直分
布[J]. 生物多样性，12(1)：164－173.

赵秀海，吴榜华，史济彦. 1994. 世界森林生态采伐理论的研究进展[J]. 吉林林学院学报，
10(3)：204－210.

赵秀海，张经一，高仁昌，等. 2000. 红松直播在营造接近自然林中的作用[J]. 林业科技通
讯，(8)：3－6.

赵秀海. 1995. 森林生态采伐研究[M]. 哈尔滨：黑龙江科学技术出版社.

赵秀海. 1996. 长白山红松针阔混交林倒木对天然更新的影响(Ⅰ)－倒木自身特点对天然更
新的影响[J]. 吉林林学院学报，(1)：1－4.

郑景明，张春雨，周金星，等. 2007. 云蒙山典型森林群落垂直结构研究[J]. 林业科学研究，
20(6)：768－774.

郑景明，周志勇，田子珩，等. 2010. 北京山地天然栎林垂直结构研究[J]. 北京林业大学学
报，32(增刊1)：67－70.

郑丽凤，周新年，罗积长，等. 2008. 择伐强度对天然针阔混交林更新格局的影响[J]. 福建
林学院学报，28(4)：310－313.

郑丽凤，周新年，巫志龙，等. 2008. 天然林不同强度采伐 10a 后林地土壤理化性质分析[J].
林业科学研究，21(1)：106－109.

郑小贤，刘东兰. 2000a. 国际森林可持续经营的新进展[J]. 北京：中国标准化，(2)：
26－27.

郑小贤，刘东兰. 2000b. 绿色技术与森林可持续经营[J]. 林业资源管理，(2)：27－30.

郑小贤. 1996. 可持续森林经营的国际准则和指标[J]. 林业资源管理，(5)：26－28.

郑小贤. 1999a. 森林可持续经营模式的研究[J]. 林业资源管理，(4)：18－20.

郑小贤. 1999b. 森林资源经营管理[M]. 北京：中国林业出版社.

郑郁善，李建光，徐凤兰，等. 1997. 杉木毛竹混交复层林生物量和结构研究[J]. 福建林学

院学报，17(3)：227 – 230.

郑元润. 1997. 不同方法在沙地云杉种群分布格局分析中的适用性研究[J]. 植物生态学报，21(5)：480 – 484.

中国可持续发展林业战略研究课题组. 2003. 中国可持续发展林业战略研究——森林问题卷[M]. 北京：中国林业出版社，34 – 39.

周广胜，张新时. 1996. 全球气候变化的中国自然植被的净第一性生产力研究[J]. 植物生态学报，20(1)：11 – 19.

周君璞，宁杨翠，郑小贤. 2013. 金沟岭林场杨—桦次生林空间结构研究[J]. 中南林业科技大学学报，33(8)：74 – 78.

周隽，国庆喜. 2007. 林木竞争指数空间格局的地统计学分析[J]. 东北林业大学学报，35(9)：42 – 44.

周宁，郑小贤. 2009. 吉林柳树河林场集材道植被更新研究[J]. 林业资源管理，(5)：84 – 89.

周小勇，黄忠良，史军辉，等. 2004. 鼎湖山针阔混交林演替过程中群落组成和结构短期动态研究[J]. 热带亚热带植物学报，12(4)：323 – 330.

周玉荣，于振良，赵士洞. 2000. 我国主要森林生态系统碳贮量和碳平衡[J]. 植物生态学报，24(5)：518 – 522.

朱春全，雷静品，刘晓东，等. 2000. 集约与粗放经营杨树人工林树冠结构的研究[J]. 林业科学，36(2)：60 – 68.

祝列克，魏殿生，吴斌，等. 2005. 美国林业百年[M]. 北京：中国林业出版社，92 – 95.

庄作峰. 2009. 我国天然林的多目标综合管理[J]. 世界林业研究,，22(1)：73 – 76.

Aber J D. 1979. Foliage-height profiles and succession in northern hardwood forest[J]. Ecology，60：18 – 23.

Aguirre O，Hui G Y，Klaus von Gadow. 2003. An analysis of spatial forest structure using neighborhood- based variables [J]. Forest Ecology and Management，183：137 – 145.

Agyeman V K，Swaine M D. 1999. Thompson J. Response of tropical forest tree seedlings to irradiance and the derivation of a light response index[J]. Journal of Ecology，87：815 – 827.

Bechtold W A. 2003. Crown-diameter prediction models for 87 species of stand-grown trees in the eastern United States[J]. Southern Journal of Applied Forestry，27(4)：269 – 278.

Bechtold W A. 2004. Largest-crown-width prediction models for 53 species in the western United States[J]. Western Journal of Applied Forestry，19(4)：245 – 250.

Beets P N，Hood I A，Kimberley 2008. M O，et al. Coarse woody debris decay rates for seven indigenous tree species in the central North Island of New Zealand[J]. Forest Ecology and Management，256：548 – 557.

Bernoux M. 2002. Brazil′s soil carbon stock[J]. Soil Science Society of America Journal，66：888 – 896.

Bigler C，Veblen T. 2011. Changes in litter and dead wood loads following tree death beneath subal-

pine conifer species in northern Colorado[J]. Canadian Journal of Forest Research, 41(2): 331 – 340.

Bragg D C. A local basal area adjustment for crown width prediction[J]. Northern Journal of Applied Forestry, 18(1): 22 – 28.

Brin A, Meredieu C, Piou 2008. D, et al. Changes in quantitative patterns of dead wood in maritime pine plantations over time[J]. Forest Ecology and Management, 256: 913 – 921.

Brokaw N V L. 1985. Gap phase regeneration in a tropical forest[J]. Ecology, 66(3): 682 – 687.

Buongiorno J, Dahir S, Lu H, et al. 1994. Tree size diversity and economic returns in uneven aged forest stand[J]. For. Sci. 40(1): 83 – 103.

Buongiorno J, Peyron J, Houllier F, et al. 1995. Growth and management of mixed-species, uneven-aged forests in the French Jura: implications for economic returns and tree diversity[J]. Forest. Science, 41: 397 – 429.

Calegario N, Daniels R F, Maestri R, et al. 2005. Modeling dominant height growth based on nonlinear mixed-effects model: a clonal Eu-calyptus plantation case study[J]. Forest Ecology and Management, 204: 11 – 20.

Campbell J, Alberti G, Martin J, et al. 2009. Carbon dynamics of a ponderosa pine plantation following a thinning treatment in the northern Sierra Nevada [J]. Forest Ecology and Management, 257(2): 453 – 463.

Chang H P, Michael J. 1997. Contribution of China to the global cycle since the last glacial maximum Reconstruction from palaeovegetation maps and an empirical biosphere model[J]. Tellus, 49(B): 393 – 408.

Chang S J, Buongiorno J. 1981. Programming model for multiple use forestry[J]. Journal of Environment Management, 13(1): 41 – 54.

Chiang J M, McEwan R W, Yaussy D A, et al. 2008. The effects of prescribed fire and silvicultural thinning on the aboveground carbon stocks and net primary production of overstory trees in an oak-hickory ecosystem in southern Ohio [J]. Forest Ecology and Management, 255(5): 1584 – 1594.

Christopher M, Christoph S, Clare K, et al. 2007. Coarse woody debris an the carbon balance of a north temperate forest[J]. Forest Ecology and Management, 244(1/3): 60 – 67.

Clark D B, Clark D A, Rich P M, et al. 1996. Landscape-scale analysis of forest structure and understory light environments in a neotropical lowland rain forest[J]. Canadian Journal of Forest Research, 26(5): 747 – 757.

Clark P J U, Evans F C. 1954. Distance to nearest neighbor as a measure of spatial relationships in populations[J]. Ecology, 35: 445 – 453.

D'Amato A W, Orwig D A, Foster D R, et al. 2009. Understory vegetation in old-growth and second-growth Tsuga canadensis forests in western Massachusetts[J]. Forest Ecology and Management, 257: 1043 – 1052.

David R L, Lawrence C B. 1998. An analysis of structure of tree seedling populations on a Lahar [J].

Landscape Ecology, 13: 307 – 322.

Denslow J S, Guzman G S. 2000. Variation in stand structure, light and seedling abundance across a tropical moist forest chronosequence, Panama[J]. Journal of Vegetation Science, 11: 201 – 212.

Denslow J S, Newell E, Ellison M. 1991. The effect of understory palms and cyclanths on the growth and survival of Inga Seedlings [J]. Biotropica, 23: 225 – 234.

Dixon R K, Brown S, Houghton A, et al. 1994. Carbon pools and flux of global forest ecosystems [J]. Science, 262: 185 – 190.

Eswaran H, Van Den Berg E, Reich P. 1993. Organic carbonin soils of the world[J]. Soil Science Society of America Journal, 57: 192 – 194.

Fang Z, Bailey R L. 2001. Nonlinear mixed effects modeling for slash pine dominant height growth following intensive silvicultural treatments[J]. Forest Science, 47(3): 287 – 300.

Foley J A. 1995. An Equilibrium model of the terrestrial carbonbudget[J]. Tellus, 47: 310 – 319.

Forest Ecology and Management Editorial. 2005. Decision support for multiple purpose forestry[J]. Forest Ecology and Management, 20(7): 1 – 3.

Franklin J, Spears-Lebrun L A, Deutschman D H, et al. 2006. Impact of a high-intensity fire on mixed evergreen and mixed conifer forests in the Peninsular Ranges of southern California, USA[J]. Forest Ecology and Management, 235: 18 – 29 .

Fueldner K. 1995. Strukturbeschreibung von Buchen-Edellaubholz-Mischwaeldern[M]. Goettingen: Cuvillier Verlag Goettingen.

Gadow K V, Fueldner K. 1992. Zur Methodik der Bestandesbeschreibung[R]. Vortrag anlaesslich der Jahrestagung der AG Forsteinrichtung in Kliekenb. Dessau.

George T Fereell. 1983. Growth Classification Systems for Red Fir and White Fir in Northern California Pacific Southwest Forest and Range Experiment Stasion [M]. P. O. Box 245, Berkele California.

Gill S J, Biging G S, Murphy E C. 2000. 2001. Modeling conifer tree crown radius and estimating canopy cover[J]. For Ecol Manage, 126(3): 405 – 416.

Gleichmar W U, Gerold D. 1998. Indizes zur Charakterisierung der horizontalen Baumverteilung[J]. Forstw Cbl, 117: 69 – 80.

Gurnaud, A. 1886. La sy lviculture franchise et la method decontrolled. Jacquie, Be ancon.

Harmon M E, Franklin J F, Swanson F J, et al. 1986. Ecology of coarse Wood debris in temperate ecosystems[J]. Advances in Ecological Researches, 15: 133 – 302.

Hoen H F, Solberg B. 1994. Potential and economic efficiency of carbon sequestration in forest biomass through silvicultural management[J]. Forest Science, 40(3): 429 – 451.

Holmes T H. 1995. Woodland canopy structure and the light response of juvenile*Quercus lobata* (Fagaceae)[J]. American Journal of Botany, 82: 1432 – 1442.

Ishii H T, Tanabe S, Hiura T. 2004. Exploring the relationships among canopy structure, stand productivity, and biodiversity of temperate forest ecosystems[J]. Forest science, 50(3): 342 – 355.

Jarmo K H. 2004. Multiple functions of inducible plant volatiles[J]. Trends in Plant Science, 9 (11): 529 – 533.

Jeffrey R V, Clark S B. 1993. Efficient multiple-use forestry may require land-use specialization[J]. Land Economics, 69(4): 370 – 376.

Kotar M. 1993. Venteilungs muster der Baeu me in einer Optimalphase im Urwald[C]// Vortag beim, Symposium ueber die Urwaelder in Zvolen.

Lähde E, Laiho O, Norokorpi Y. 1999. Diversity-oriented silviculture in the boreal zone of europe[J]. Foe. Ecol. Manage, 118: 223 – 243.

Latham P A, Zuuring H R, Cobel D W. 1998. A method for quantifying vertical forest structure[J]. Forest Ecology and Management, 104(1): 157 – 170.

Levine J S, Cofer W R, Cahoon D R, et al. 1995. Biomass burning: a driver for global change[J]. Environmental Science and Technology, 29: 120 – 125.

Lieth, H. 1975. Modeling the primary productivity of the world[M]// Lieth H, Whittaker R H. Primary Productivity of the Biosphere. Berlin: Springer Verlarg, 237 – 263.

Mark R Robert. 1985. Predicting diameter distrubntion: a test of the stationary Markov modele[J]. Can For Res, (16): 130 – 135.

Martens S N, Breshears D D, Meyer C W. 2000. Spatial distributions of understory light along thegrassland/forest continuum: effects of cover, height, and spatial pattern of tree canopies [J]. Ecological Modelling, 126: 79 – 93.

Mcroberts R E, Winter S, Chirici G, et al. 2012. Assessing forest naturalness[J]. Forest Science, 58 (3): 294 – 309.

Moktan M R, Gratzer G, Richards W H, et al. 2009. Regeneration of mixed conifer forests under group tree selection harvest management in western Bhutan Himalayas[J]. Forest Ecology and Management, 257: 2121 – 2132.

Neilson R P. 1993. Vegetaion redistribution: A possible biosphere source of CO_2 during climate change [J]. Water, Air and Soil Pollution, 70: 659 – 673.

Nicotra A B, Chazdon R L, Lriatre V B. 1999. Spatial heterogeneity of light and woody seedling regeneration in tropical wet forest[J]. Ecology, 80: 1908 – 1926.

Nothdurft A, Kublin E, Lappi J. 2006. A non-linear hierarchical mixed model to describe tree height growth[J]. European Journal Forest Research, 125: 281 – 289.

Panayotou T, Ashton P. 1992. Not by timber alone: the case for multiple use management of tropical forest[M]. Covelo, CA: Island Press.

Peng C H, Apps M J. 1999. Modelling response of net primary productivity(NPP) of boreal forest ecosystems to changes in climate and fire disturbance regimes[J]. Ecological Modelling, 122: 175 – 193.

Pesonen A, Leino O, Maltamo M, et al. 2009. Comparison of field sampling methods for assessing coarse woody debris and use of airborne laser scanning as auxiliary information[J]. Forest Ecology and Management, 257: 1532 – 1541.

Post W M, Emanuel W R, Zinke P J, et al. 1982. Soil carbon pools and world life[J]. zones. Nature, 298: 156-159.

Pretzsch H. 2005. Diversity and productivity in forests: evidence from long-term experimental plots [C]//Scherer Lorenzen M, Körner C, schulze E. Forest diversity and function: temperate and boreal systems. Berlin Heidelberg: Springer, 41 – 46.

Prtzsch H. 2001. Modellierung des Waldwachstums[M]. Berlin: Parey Buchverlag Berlin.

Runkle J M. 1981. Gap regeneration in some old-growth forests of eastern United States[J]. Ecology, 62: 1041 – 1051.

Runkle J R. 1998. Changes in southern Appalachian canopy tree gaps sampled thrice[J]. Ecology, 79 (5): 1768 – 1780.

Runkle J R. 1985. Comparison of methods for determining fraction of land area in tree fall gaps[J]. Forest Science, 31(1): 15 – 19.

RunkleJ R. 1981. Gap regeneration in some old-growth forests of eastern United States[J]. Ecology, 62(4): 1041 – 1051.

Schlegel B C, Donoso P J. 2008. Effects of forest type and stand structure on Coarse Woody Debris in old-growth rainforests in the Valdivian Andes, south-central Chile[J]. Forest Ecology and Management, 225: 1906 – 1914.

Schütz J P. 2002. Silvicultural tools to develop irregular and diverse forest structures. Forestry, 75(4): 329 – 337.

Sehulze E D, Lloyd J, Kelliher F M, et al. 1999. Productivity of forests in the Euro-Siberia boreal region and their potential to act as a carbon sink-a synthesis[J]. Global Change Biol, (5): 703 – 722.

Sloboda B. 1971. Zur Darstellung von Waehstumsprozessen mit Hilfe von Differentialgleiehungen erster Ordnung[J]. Mitteilungen der Baden-Wuerttembergisehen Forstliehen Versuehs-und Forsehungsanstalt, 32: 1 – 109.

Uchijima Z, Seino H. 1985. Agroclimatic Evaluation of Net primary Productivity of Natural Vegetation (1): Chikugo Model for Evaluating Primary Productivity[J]. Journal of Agricultural Meteorology, 40: 343 – 352.

Uuttera J, Maltamo M. 1995. Impact of regerneration methods on stand structure prior to first thinning: comparative study north Karelia, Finland vs. Republic of Karelia, Russian Federation[J]. Silva Fennica, 29(4): 267 – 285.

Valentini R, Matteucci G, Dolman A J, et al. 2000. Respiration as the main determinant of carbon balance in European forests[J]. Nature, 404: 861 – 865.

Webster C R, Jenkins M A. 2005. Coarse woody debris dynamics in the southern Appalachians as affected by topographic position and anthropogenic disturbance history[J]. Forest Ecology and Management, 217: 319 – 330.

Whitmore T C. 1989. Canopy gaps and the two major groups of forest trees[J]. Ecology, 70(3): 536 – 538.

Woldendorp G, Keenan R J. 2005. Coarse woody debris in Australian forest ecosystems a review[J]. Austral Ecology, 30: 834 – 843.

Yousefpour R, Hanewinkel M. 2009. Modeling of forest conversion planning with an adaptive simulation-optimization approach and simultaneous consideration of the values of timber, carbon and biodiversity[J]. Ecological Economics, 68(6): 1711 – 1722.

Zhang Y Q. 2005. Multiple-use forestry vs. forestland-use specialization revisited[J]. Forest Policy and Economics, 7(2): 143 – 156.